浙江省普通高校"十三五"新形态教材
职业教育"十三五"规划教材
高职高专艺术设计类专业规划教材

Flash动画创意设计项目实战

主　编　陈　静
副主编　罗永红　张　兵　周晓莺

电子工业出版社
Publishing House of Electronics Industry
北京·BEIJING

内 容 简 介

Flash 是一款简单易学、功能强大的动画制作软件。本书主要围绕 Flash 动画制作，采用项目教学法展开。

教材内容主要由两部分组成：入门篇和项目实战篇。入门篇（项目 1）主要介绍 Flash 软件及其应用领域，包括 Flash 软件界面、工具应用、动画方式等内容。项目实战篇（项目 2～项目 7）主要介绍了 Flash 在 6 个方面的应用：电子贺卡、音乐 MV、网络广告、交互式网页、动画短片、在线游戏，覆盖了 Flash 软件的主要应用领域。其中部分项目来自企业真实案例，由国内顶尖的行业设计师制作。

本书可以作为职业院校计算机及动画相关专业学生的教材，也可以作为动画爱好者的自学用书。

未经许可，不得以任何方式复制或抄袭本书之部分或全部内容。
版权所有，侵权必究。

图书在版编目（CIP）数据

Flash 动画创意设计项目实战 / 陈静主编. — 北京：电子工业出版社，2019.6
ISBN 978-7-121-36842-4

Ⅰ. ①F… Ⅱ. ①陈… Ⅲ. ①动画制作软件－高等学校－教材 Ⅳ. ①TP391.414

中国版本图书馆 CIP 数据核字（2019）第 112811 号

策划编辑：贺志洪（hzh@phei.com.cn）
责任编辑：贺志洪
印　　刷：北京盛通印刷股份有限公司
装　　订：北京盛通印刷股份有限公司
出版发行：电子工业出版社
　　　　　北京市海淀区万寿路173信箱　邮编：100036
开　　本：787×1092　1/16　　印张：16.25　　字数：416千字
版　　次：2019年6月第1版
印　　次：2019年6月第1次印刷
定　　价：45.00元

凡所购买电子工业出版社图书有缺损问题，请向购买书店调换。若书店售缺，请与本社发行部联系，联系及邮购电话：（010）88254888，88258888。
质量投诉请发邮件至 zlts@phei.com.cn，盗版侵权举报请发邮件至 dbqq@phei.com.cn。
本书咨询联系方式：（010）88254609 或 hzh@phei.com.cn。

修订说明

"互联网+"战略是指利用互联网平台和信息通信技术,把互联网和包括传统行业在内的各行各业结合起来,在新的领域创造一种新的生态。当前,随着教育部对数字化教学资源建设鼓励政策的不断颁布和推进实施,各大高校纷纷投入大量的物力、财力,建设完成一系列优质数字化教学资源。在数字化大潮的冲击下,越来越多的纸质媒体、纸质出版物转向了电子化、数字化,以适应"互联网+"时代的变化。高等教育出版社、人民教育出版社、电子工业出版社等不少教育出版机构已经或正在成立数字出版部门或公司,关注和研究课程、教材的数字化问题,并已出版和销售许多数字化教材。

新形态教材是"互联网+"背景下数字化教材和传统教材相结合的一类教材,它既保留了符合传统阅读方式的纸质教材,又融合了交互性好的光盘版、数字课程版或平板电脑版等数字教材。

随着我国动漫、多媒体、影视等媒体产业的高速发展,数字媒体企业如雨后春笋般涌现,动漫人才紧缺。基于动漫类专业的学科性质,大量的实践课程需要通过精心设计的课程实训来夯实与拓展学生的核心操作技能。经过修订的新形态教材,学生通过扫描二维码,即可在课前迅速熟悉实训所需的基本操作技能,课中进行知识的巩固和内化,使学生的实践能力和创新能力在探究和互助竞争中得到有效提升,因此,这种教学模式凸显我国着力培养应用型、技能型人才的指导思想,以及"大众创业,万众创新"和"互联网+"等国家重大战略。

作 者
2019 年 5 月

前言

Preface

　　编者在高职院校从教 15 年，担任 Flash 相关课程的任课教师已经有 12 年的历史，期间换过很多教材。有的教材入门容易，但教的都是"零件"，学生学完了也不知道怎么完成一个项目，实用性不高；有的教材完全项目化，由职场中非常有经验的企业专家编写，但是起点高，需要具备一定基础才能学。在高职院校，来自职高的学生有一定的经验，已掌握基本的技术，希望更进一步；来自普高的学生，没有接触过 Flash 软件，要从最基本的学起。为解决以上矛盾，本教材是一本基于项目同时又面向零起点读者的软件操作技能书籍。

　　教材由入门篇和项目实战篇组成。零起点的读者需从入门篇开始，了解 Flash 软件的应用及基本操作；有基础的读者可以直接从项目实战篇开始。项目实战篇中有 8 个项目，覆盖了 Flash 软件的主要应用领域，有的来自真实的企业项目，有的是仿单项目。每个项目的学习过程都是模拟真实商业情境，提炼出项目的行业知识和要求，采用任务驱动、化繁为简的方式把项目制作过程完整地展示给读者，让读者一步一步地把项目"吃掉"，体验商业项目制作的流程、要求和技巧。

　　本教材适合高职高专的教师、学生使用，同时也适合所有零基础或有一定基础的 Flash 爱好者学习。

本书作者

　　修订版由陈静任主编，罗永红、张兵、周晓莺任副主编，李海涛、齐海龙参编了部分内容。

如何获取教学资源

跟本书相关的所有教学资源有：微课视频、案例教学视频、教学大纲、教案、课件、素材、题库，这些资源都能在本教材对应的在线课程网站上获得，可访问"Flash 动画创意设计"在线开放课程网站（网址为 http://icourse.ywu.cn/Show/Course.aspx?Id=77）。

案例效果及操作步骤视频、习题答案可直接扫描书中的二维码获取。

建议学时数：72

具体学时分配如下：

篇名	项目名称	序号	教学内容	建议学时	授课类型
入门篇	Flash入门	1	初识Flash Flash 快速入门 动画场景制作	4	讲授+上机
项目实战篇	制作电子贺卡	2	生日贺卡项目	8	讲授+上机
	制作音乐MV	3	音乐MV项目	8	讲授+上机
	制作网络广告	4	"北汽品牌-时尚"网络广告	8	讲授+上机
	设计交互式网页	5	网站Banner动画项目	4	讲授+上机
	设计交互式网页	6	Flash个人网站制作	8	讲授+上机
	设计交互式网页	7	高创公司网站	8	讲授+上机
	制作动画短片	8	鼹鼠乐乐的故事	16	讲授+上机
	开发在线游戏	9	找茬游戏设计	8	讲授+上机

编　者

2018 年 12 月

企业专家介绍

李海涛

2003年开始涉足互联网圈，从事互动设计工作，曾就职LG电子、科思世通、新意互动、新浪、DMG广告、搜狐，现任悠易公司创意总监。出版了《激战Flash商业设计》《激战富媒体商业设计》，担任星狮创想、站酷远程培训讲师、第九课堂认证讲师，成功进行数期线上远程技能培训课程，成功为搜狐、同仁堂提供企业培训支持。

齐海龙

站酷ID ppoqqcom
微博 http://weibo.com/ppoqqcom
鼹鼠乐乐的小窝：www.ppoqq.com

在互联网行业内工作十余年，曾在广告公司任设计总监，荣获国内相关广告比赛的奖项，但是最热爱的还是动画，希望将来有机会能把个人的兴趣作为自己的发展方向。

目录

Contents

项目1 Flash入门 ················ 1
- 1.1 初识Flash ················ 1
  - 1.1.1 Flash从业方向 ············ 1
  - 1.1.2 Flash应用领域 ············ 1
  - 1.1.3 Flash动画的优势 ··········· 6
- 1.2 Flash快速入门 ·············· 7
  - 1.2.1 Flash 窗口菜单 ············ 7
  - 1.2.2 Flash工具箱 ············· 12
  - 1.2.3 兔宅动画场景绘制 ··········· 15
- 1.3 课后习题 ················· 25

项目2 制作电子贺卡 ············· 27
- 2.1 行业知识导航 ·············· 27
- 2.2 生日贺卡制作 ·············· 27
  - 2.2.1 创意解析 ··············· 27
  - 2.2.2 生日贺卡的制作步骤 ········ 28
- 2.3 知识点拓展 ················ 41
  - 2.3.1 绘图工具 ··············· 42
  - 2.3.2 图形绘制模式 ············· 44
  - 2.3.3 图层 ·················· 45
  - 2.3.4 图形的组合与打散 ········· 45
  - 2.3.5 文本工具 ··············· 45
  - 2.3.6 元件、库与实例 ·········· 45
  - 2.3.7 导入外部文件 ············· 46
  - 2.3.8 色彩效果 ··············· 46
  - 2.3.9 "修改"菜单 ············· 47
  - 2.3.10 动画的基本制作方法 ······ 47
- 2.4 拓展练习 ·················· 48
- 2.5 课后习题 ·················· 48

项目3 制作音乐MV ·············· 50
- 3.1 行业知识导航 ················ 50
  - 3.1.1 音乐MV的特点 ············ 50
  - 3.1.2 音乐MV的设计要求 ········ 51
  - 3.1.3 精彩的音乐MV欣赏 ········ 51
- 3.2 婚礼音乐MV的制作 ············ 53
  - 3.2.1 创意解析 ················ 53
  - 3.2.2 Flash MV的制作 ··········· 54
- 3.3 知识点拓展 ················ 75
  - 3.3.1 音乐的准备与处理 ········· 75
  - 3.3.2 声音属性设置 ············ 77
  - 3.3.3 音乐与歌词的同步 ········· 78
  - 3.3.4 引导线动画 ·············· 79
  - 3.3.5 遮罩动画 ················ 81
- 3.4 拓展练习 ·················· 82
- 3.5 课后习题 ·················· 83

项目4 制作网络广告 ·············· 84
- 4.1 行业知识导航 ················ 84
  - 4.1.1 投身互动商业广告需要掌握
    的技术 ················· 85
  - 4.1.2 互动商业广告的商业开发流程 ··· 85
- 4.2 "北汽品牌-时尚"网络广告的制作 ··· 86
  - 4.2.1 创意解析 ················ 86
  - 4.2.2 网络广告的制作 ············ 87
- 4.3 知识点拓展 ················ 124
  - 4.3.1 导入视频素材 ············ 124
  - 4.3.2 Flash 混合模式 ·········· 124
  - 4.3.3 补间缓动设置 ············ 125

4.4	拓展练习 …………………………	126
4.5	课后习题 …………………………	127

项目5 设计交互式网页 ……………… 128

- 5.1 行业知识导航 ………………………… 128
  - 5.1.1 Flash动画在网站中的应用 ………… 128
  - 5.1.2 Flash动画网站的制作流程 ………… 128
  - 5.1.3 创意Flash动画网站欣赏 …………… 129
- 5.2 网站Banner动画 ……………………… 133
  - 5.2.1 创意解析 ………………………… 133
  - 5.2.2 Banner动画的制作 ………………… 134
  - 5.2.3 测试影片及发布 …………………… 143
- 5.3 Flash个人网站 ………………………… 143
  - 5.3.1 创意解析 ………………………… 143
  - 5.3.2 个人网站整体结构设计 …………… 143
  - 5.3.3 个人网站的制作 …………………… 144
  - 5.3.4 测试影片及发布 …………………… 158
- 5.4 高创公司网站 ………………………… 158
  - 5.4.1 创意解析 ………………………… 158
  - 5.4.2 公司网站整体结构设计 …………… 158
  - 5.4.3 公司网站的制作 …………………… 160
- 5.5 知识点拓展 …………………………… 163
  - 5.5.1 按钮元件 ………………………… 163
  - 5.5.2 ActionScript 3.0脚本的应用技巧 …… 165
  - 5.5.3 Loading的制作方法 ……………… 168
  - 5.5.4 Loading代码解析 ………………… 169
  - 5.5.5 Flash打开外部库 ………………… 169

	5.5.6 补间动画设计 ………………	170
5.6	拓展练习 …………………………	172
5.7	课后习题 …………………………	172

项目6 制作动画短片 …………………… 174

- 6.1 行业知识导航 ………………………… 174
- 6.2 鼹鼠乐乐的故事 ……………………… 174
  - 6.2.1 创意解析 ………………………… 174
  - 6.2.2 角色绘制 ………………………… 176
  - 6.2.3 镜头01制作 ……………………… 190
- 6.3 拓展练习 ……………………………… 202

项目7 开发在线游戏 …………………… 203

- 7.1 行业知识导航 ………………………… 203
  - 7.1.1 Flash游戏的特点 ………………… 203
  - 7.1.2 常见的游戏类型 …………………… 203
- 7.2 找茬游戏 ……………………………… 205
  - 7.2.1 情境导入 ………………………… 205
  - 7.2.2 创意解析 ………………………… 205
  - 7.2.3 米老鼠与唐老鸭找茬游戏的制作 … 207
- 7.3 知识点拓展 …………………………… 233
  - 7.3.1 ActionScript 控制与调试 ………… 233
  - 7.3.2 ActionScript语法基础 …………… 236
  - 7.3.3 面向对象编程基础 ………………… 244
- 7.4 拓展练习 ……………………………… 247

参考文献 ……………………………………… 248

项目 1

Flash入门

1.1 初识Flash

很多人都喜欢看 Flash 动画，又觉得要学会用 Flash 制作动画很难，比如没有美术功底就画不出漂亮的角色和场景，做动画更是痴心妄想。在这里我要告诉大家，只要你会用计算机，知道怎么用键盘、鼠标，知道怎么打开软件，你就可以学会用 Flash 制作动画。很多知名的 Flash 动画制作人都没有美术功底，也不是动漫专业的毕业生，比如网名"北方之驴"的著名动画师刘宇，在 TOM、腾讯、闪客帝国等网站中发布原创短片几百集，深受草根闪友们的"热顶"，要知道他可是做保险、学法律的。像这样的动画大师还有很多，学 Flash 一点都不难，只要你能踏出第一步，并坚持走下去，你也能做出好动画。说到这里大家恐怕要问，近几年非常火爆的国产动画片《喜羊羊与灰太狼》，学了 Flash 能不能做出这样的动画？其实模仿别人做相对比较容易，但要原创一部好动画，剧情、造型设计、镜头设计、配音、后期等都很关键，不是学完一本书就能完成的，还需要花费时间、精力去钻研。

1.1.1 Flash从业方向

Flash 软件在国内火热已经有十几年了。最早的动画设计者被称为"闪客"，看动画的观众被称为"闪友"，现在大家把动画制作者称为动漫设计师或交互设计师。从职业需求方面看学好 Flash 至少可以从事以下三个方向的职业：

（1）卡通动画设计师，设计原创动画短片，要求具有较高的美术手绘功底，如果没有，也可以通过学习像刘宇那样做出好的动画来；

（2）互动设计师，设计网络广告，要求具有较好的审美、创意能力和技术能力；

（3）程序设计师，做网站和游戏互动开发，要求具备 ActionScript 编程能力。

相较而言，对没有任何美术功底的人来说，学会网络广告设计会要快一些。

1.1.2 Flash应用领域

Flash 应用领域主要有卡通动漫、商业广告、商业网站和互动游戏四个方面。下面介绍具体应用领域。

1. Flash应用领域1：卡通动漫

卡通动漫是目前国内最火爆、Flash 爱好者最热衷应用的一个领域，这个领域的发展潜力大，也是一个 Flash 爱好者展现自我的平台，把自己制作的 Flash 动画发布到互联网上供其他人欣赏，这些流行 Flash 动画已经在网络上形成了一种文化，比如"三国演义""流氓兔""流氓企鹅""悠嘻猴""小破孩"系列动画在网络上非常受欢迎。近年电视上异常火爆的"喜羊羊与灰太狼"就是 Flash 动画，如图 1-1、图 1-2 所示。

图1-1　喜羊羊与灰太狼

图1-2　流氓兔

2. Flash应用领域2：商业广告

受网速等的限制，网络上的广告要求具有短小精干、表现力强的特点，Flash 动画正好可以满足这些要求。现在打开任何一个网站的网页都会发现一些动感时尚的 Flash 网页广告，如图 1-3、图 1-4 所示。

图1-3　李海涛——全新翼虎都市探险版上市

图1-4　李海涛——西游Q记

3. Flash应用领域3：电子贺卡

使用Flash制作的电子贺卡体积小，并可同时具有动画、音乐、情节、交互等多种元素，而其他类型的贺卡却不能同时具备这些特点，因此Flash贺卡盛行于网络中。许多大型网站都设有贺卡专栏，还有许多专业从事贺卡制作与销售的网站也在大量制作此类贺卡。Flash电子贺卡可以是一个很复杂的故事，也可以是很幽默的情节，在技术上并不复杂，因此有很多爱好者制作。如图1-5、图1-6所示的是利用Flash制作的生日贺卡和中秋节贺卡。

图1-5　生日贺卡

图1-6　中秋节贺卡

4. Flash应用领域4：音乐MV

MV的出现生动鲜明地表达了歌曲的情意，让人可以轻松地融入其中。如图1-7、图1-8所示为ShowGood——"男儿当自强"音乐MV和歪马秀——"心非所属"音乐MV。

图1-7　ShowGood——"男儿当自强"音乐MV

图1-8 歪马秀——"心非所属"音乐MV

5. Flash应用领域5：商业网站

有一种网站称为"活的网站"，其视觉冲击力强，交互性能好，这些网站通常都是用 Flash 制作的。还有一些网站虽然并非整站都采用 Flash 制作，但其引导页（欢迎页）、导航、Banner 或 Logo 都是用 Flash 制作的动画，成为网站的亮点，如图1-9、图 1-10 所示。

http://www.axinweb.com/index.html

图1-9 任星星个人工作室网站

http://www.aquacp.com/

图1-10 日本某株式会社网站

6. Flash应用领域6：互动游戏

使用 Flash 和编程语言 Flash ActionScript，可以制作一些有趣的在线小游戏，如看图识字游戏、贪吃蛇游戏、棋牌类游戏等。因为 Flash 游戏具有体积小、交互性强的优点，手机厂商已在手机中嵌入 Flash 游戏，如图 1-11、图 1-12 所示。

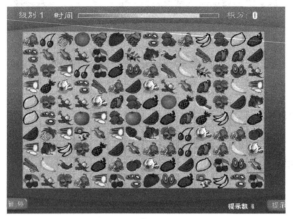

图1-11 果蔬连连看

图1-12 打架子鼓

Flash动画基础

1.1.3 Flash动画的优势

Flash 动画之所以得到广泛应用，与其自身的优势密不可分。

（1）图像质量高：Flash 中绘制的图形都是矢量图形，矢量图形具有储存容量小、缩放不失真的特点。因此，Flash 动画具有储存容量小、缩放播放窗口时画面清晰度不受影响的优点。

（2）文件数据量小：在导出 Flash 动画的过程中，程序会压缩、优化动画组成元素（例如位图图像、音乐和视频等），这进一步减小了动画的储存容量，使其更加方便在网络上传输。

（3）下载时间短：发布后的 .swf 动画影片具有"流"媒体的特点，在网络上可以边下载边播放，而不像 GIF 动画那样要把整个文件下载完了才能播放。

（4）交互性强：可以通过为 Flash 动画添加动作脚本使其具有交互性，从而让观众成为动画的一部分。这一点是传统动画无法比拟的。

（5）制作简单：Flash 动画的制作比较简单，一个爱好者只要掌握一定的软件知识，拥有一台计算机、一套软件就可以制作出 Flash 动画。

（6）制作成本低：用 Flash 软件制作动画可以大幅度降低制作成本。同时，在制作时间上也比传统动画大大缩短。

（7）可以跨平台播放：用 Flash 制作完成的作品放在网页上后，不论使用哪种操作平台，任何访问者看到的内容都是一样的，不会因为平台的不同而有所变化。

1.2 Flash快速入门

2012 年 5 月，Adobe 全新专业设计套装 CS6 版本正式发售，Adobe Flash Professional CS6 比之前的 CS5.5 版本又多了很多新特性，但这些新特性对于初学者来说用处不大，所以在此略过。

1.2.1 Flash 窗口菜单

1. 主界面

主界面包含了菜单栏、工具栏、画布、功能面板和时间轴。菜单栏包含了软件所有的命令；工具栏包含了做动画时绘制图形可用的工具；时间轴包含了制作动画动态内容的工具，在动作制作阶段使用频率最高；右侧的功能面板为调整和编辑面板，所有这些面板都可以在"窗口"菜单中打开或关闭，最常用的面板有"属性"面板、"库"面板、"颜色"面板、"对齐"面板和"变形"面板。画布是放置动画图形内容的矩形局域，画布大小限制了动画可以显示的范围。Flash CS6 主界面如图 1-13 所示。

Flash文件操作

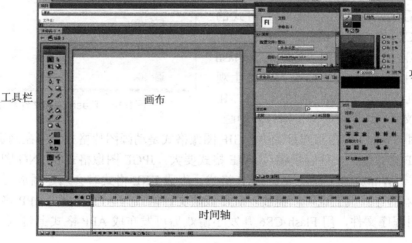

图1-13　Flash CS6主界面

2. "文件"菜单

"文件"菜单下最常用的命令是"新建"、"打开"、"保存"、"导入"、"导出"和"发布设置",如图1-14所示。"导入"命令通常用来导入素材图片、音乐、视频文件和打开外部库(即打开其他Flash动画源文件中的库文件,实现元件共享)。Flash CS6支持JPG、BMP、PNG、GIF等常见图像格式,同时还支持PSD格式和AI格式的分层导入。Flash CS6支持多种格式的音频文件,如WAV、MP3、ASND、AIFF等,并且提供了编辑声音的功能,可以对导入的声音进行编辑、剪裁和改变音量等操作,还可以使用Flash预置的多种声效对声音进行设置。导入视频可以有3个不同的视频回放方案,简化了视频导入Flash文档的操作。视频导入向导为所选的导入和回放方法提供了基本级别的配置,之后用户可以进行修改以满足特定的要求。"导出"命令可以导出图像或影片,图像可导出的格式有JPG、BMP、GIF、PNG和FXG等,影片可导出为SWF(Flash常规动画发布格式)等。

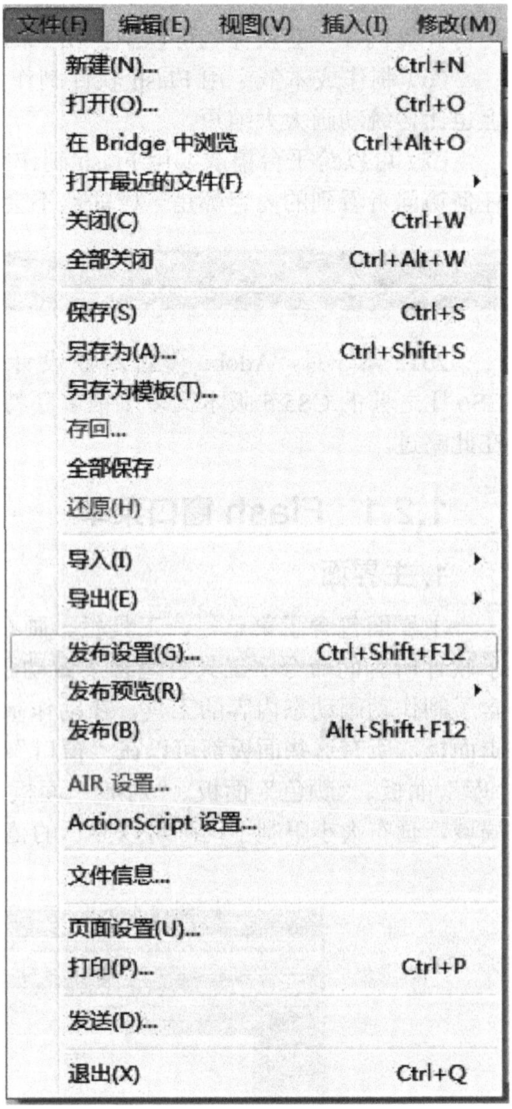

3. 发布

"发布设置"中提供多种输出格式,最常用的就是SWF格式,边做动画边按Ctrl+Enter组合键就可以观看动画效果并生成SWF格式的动画文件。SWC是组件文件格式,不能直接在Flash CS6中打开,可以放到相应目录下被Flash或其他软件调用。HTML包装器是为了防止观看动画的客户机没有安装SWF播放器,HTML可以调用SWF文件,这样可用浏览器打开动画,

图1-14 Flash CS6文件菜单

前提是HTML和SWF文件在相同目录中。GIF图像格式是动画图片格式,可在网页中使用,动画质量比SWF格式差,文件容量相对SWF格式要大。JPGE图像格式和PNG图像格式都是静态图片格式。Win放映文件格式是EXE格式,生成EXE格式时会创建播放器,这样未安装SWF播放器的计算机上也可以播放。Mac放映文件格式为APP格式,APP格式是苹果系统支持的应用程序文件,用Flash CS6开发小游戏后可发布成APP格式上传到App Store供人下载使用。

在选择生成文件格式的同时还可以在"目标"选项栏里选择支持的播放器版本。"脚本"选项中有3个ActionScript版本,通常用2.0版本就足够了,如果动画中有三维引擎时就必

须选择 3.0 版本。"发布设置"对话框如图 1-15 所示。

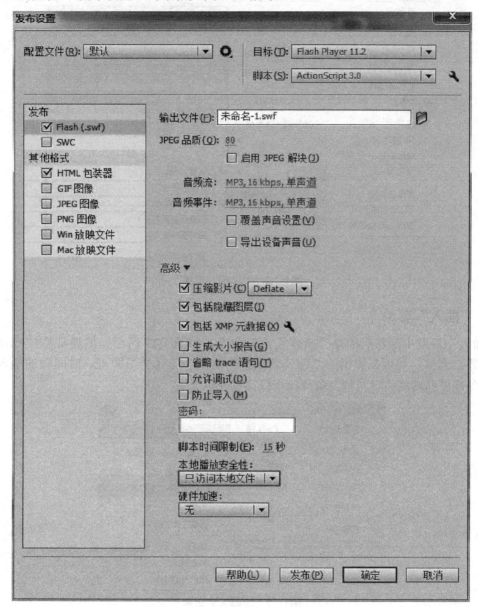

图 1-15 "发布设置"对话框

4. "视图"菜单

"视图"菜单下最常用的就是"标尺"、"辅助线"和"贴紧"命令，如图 1-16 所示。在绘图的过程中打开标尺，用鼠标可从标尺处拖出辅助线。如果想打开对象贴紧功能，选择"视图"→"贴紧"→"贴紧至对象"命令，或者可以按 Ctrl+Shift+/ 组合键。如果该命令是打开的，则它的旁边会出现一个选中标记。当移动对象或改变其形状时，将自动捕捉端点、水平、竖直和 45°方向。不用此功能时取消勾选即可。

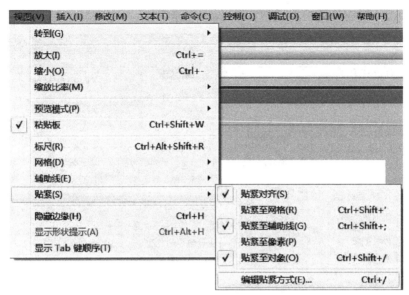

图1-16 "视图"菜单

5. "插入"菜单

"插入"菜单中最常用的是"新建元件"命令,如图1-17所示。但通常都按Ctrl+F8组合键来建立元件,然后在弹出的"创建新元件"窗口中选择类型即可。时间轴的插入图层、帧等命令都可以通过"时间轴"命令或按快捷键完成。

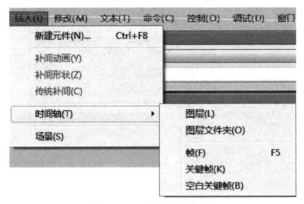

图1-17 "插入"菜单

6. "修改"菜单

"修改"菜单下的命令使用率比较高,如图1-18所示。"文档"命令可以打开"文档选项设置"对话框设置画布的尺寸、背景颜色和动画帧频。"帧频"决定了动画播放的速度,数值越大动画播放速度越快,数值越小动画播放速度越慢,默认数值为24,意思是每秒播放24帧(也可以理解为每秒播放24张画面)。"转换为元件"命令使用频率非常高,通常按F8键实现。很多时候导入的图片素材都要先用"分离"命令将其打散后再编辑。"元件"命令下的"交换元件"和"直接复制元件"命令在动画制作过程中使用频率也很高。不过通常在制作动画时,"交换元件"命令在帧属性面板中使用较多;在绘制对象时,"直接复制元件"命令在库面板中使用较多,可以减少制作相似动画或绘制相似图形的工作量,以提高工作效率。其次"形状"、"时间轴"、"变形"、"排列"、"对齐"和"组合"命令的使用频率也很高。

7. "控制"菜单

如图 1-19 所示的"控制"菜单中的"测试影片"、"测试场景"和"启用简单按钮"命令使用较多。"测试影片"用于测试整个动画的效果;"测试场景"可以预览某个元件中的动画效果;"启动简单按钮"可以在不生成动画的情况下预览按钮元件的效果,通常是查看鼠标放上去、鼠标移开、鼠标单击等几种状态的效果。

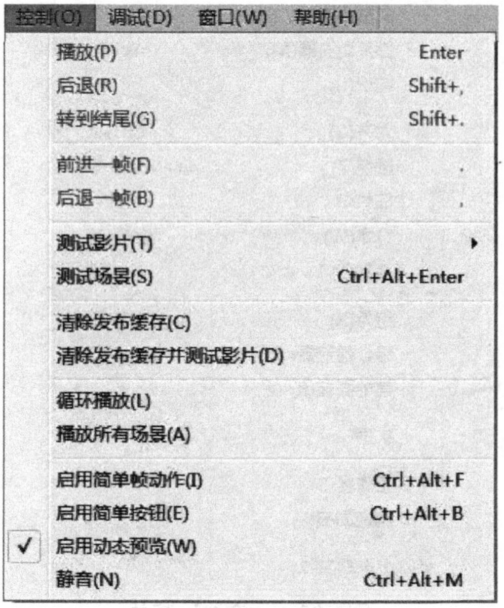

图1-18 "修改"菜单

图1-19 "控制"菜单

8. "窗口"菜单

"窗口"菜单可以打开和关闭软件界面中的所有工具栏和面板,如图 1-20 所示。最常用的就是"工具"面板(按 Ctrl+F2 组合键)、"属性"面板(按 Ctrl+F3 组合键)、"库"面板(按 Ctrl+L 组合键)、"动作"面板(按 F9 键)、"对齐"面板(按 Ctrl+K 组合键)、"颜色"面板(按 Alt+Shift+F9 组合键)、"信息"面板(按 Ctrl+I 组合键)、"变形"面板(按 Ctrl+T 组合键)。记住这些常用面板的快捷键,可以在动画制作过程中随时快速打开相关面板,以提高动画制作的效率。

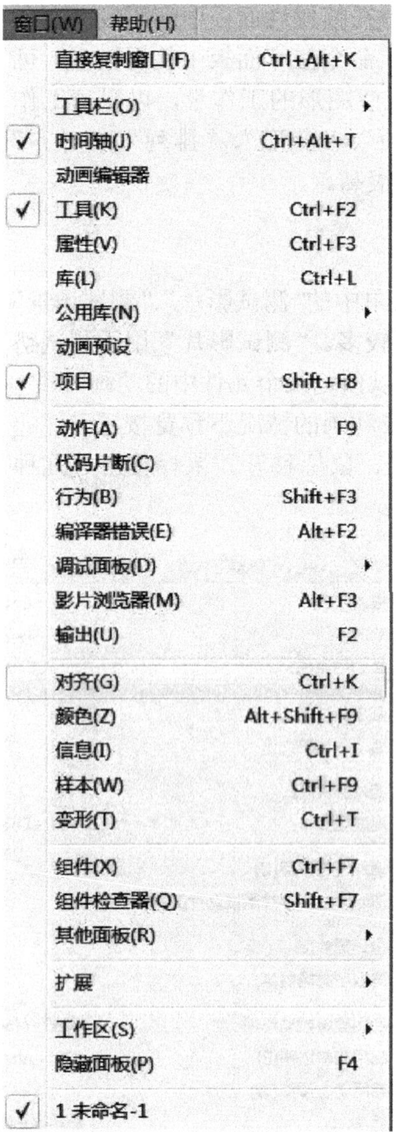

图1-20 "窗口"菜单

1.2.2 Flash工具箱

Flash 工具主要分四组：选取、绘图、上色和查看。Flash 工具箱如图 1-21 所示。

图1-21 Flash工具箱

选取工具组中包含了"选取工具"、"部分选取工具"、"任意变形工具"、"渐变变形工具"、"3D 旋转"、"3D 平移"和"套索工具"。工具图标右下角的小三角形表示存在隐藏工具。默认情况下，"渐变变形工具"需要用鼠标左键单击任意变形工具不放才能弹出,打开"3D 平移"工具也是。

"选取工具" 可以选择对象、移动对象(按住鼠标左键拖动移动对象)、编辑矢量图形线条,如图 1-22 所示。

图1-22 选取工具

"部分选取工具" 可视为节点选取工具,可以调节节点的位置和该节点的曲度。

对于那些绘画能力较差的人来说,"选取工具"和"部分选取工具"就很重要,利用这两个工具可以把简单的几何图形编辑成复杂的图形,比如把一个圆角长方形编辑成鱼的形状,绘制一个星形编辑成花朵形状,如图 1-23 所示。

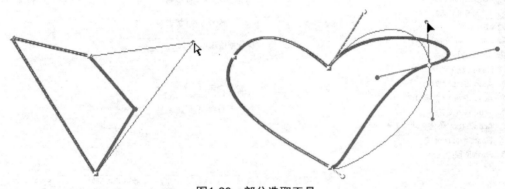

图1-23 部分选取工具

"任意变形工具" 主要有变形和变换中心点两个功能。变形有"旋转与倾斜"、"缩放"、"扭曲"和"封套"四种 。"旋转与倾斜"和"缩放"可以在选中对象后直接编辑;"扭曲" 和"封套" 则需要单击工具栏中对应的图标后才可以实现,如图 1-24 所示。

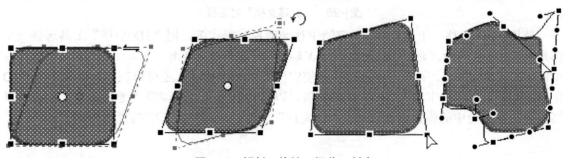

图1-24 倾斜、旋转、扭曲、封套

若要使用Flash的3D功能"3D旋转"和"3D平移",FLA文件的发布设置必须设置为"Flash Player 10"和"ActionScript 3.0"。Flash CS6中3D工具只对影片剪辑元件起作用。

在如图1-25所示的"新建文档"对话框中,选择"ActionScript 3.0"类型文档,单击"确定"按钮建立一个新文档。导入一张Flash绘制的图像,并按下F8键将其转换为影片剪辑元件。单击"3D旋转"工具图标，这时在图像中央会出现一个类似瞄准镜的图形,十字的外围是两个圈,并且它们呈现不同的颜色。当鼠标移动到红色的中心垂直线时,鼠标右下角会出现一个X,这时左右拖动X轴控件可绕X轴旋转;当鼠标移动到绿色的水平线时,鼠标右下角会出现一个Y,这时上下拖动Y轴控件可绕Y轴旋转;当鼠标移动到内侧的蓝色圆圈时,鼠标右下角又出现一个Z,这时拖动Z轴控件进行圆周运动可绕Z轴旋转;当鼠标移动到外侧的橙色圆圈时,可以同时绕X轴和Y轴旋转。

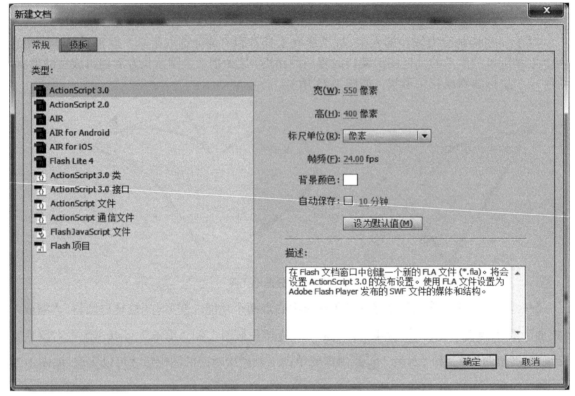

图1-25 "新建文档"对话框

使用"3D平移"工具可在3D空间中移动影片剪辑实例。用"3D平移"工具选择一个影片剪辑,红色的为X轴,可以使实例沿X轴移动;绿色的为Y轴,可以使实例沿Y轴移动;中间的黑点为Z轴,上下拖动Z轴控件可使实例沿Z轴上移动。还可以在属性面板中的"3D定位和查看"文本框中输入X、Y或Z的值,以移动对象;通过调整"透视角度"数值,以调整图形在舞台中的位置;通过调整"消失点"数值,以调整图形中的"消失点"。

1.2.3 兔宅动画场景绘制

下面通过一个案例来学习 Flash 工具栏和主要功能面板的使用,制作完成后效果如图 1-26 所示,操作步骤如下。

兔宅动画场景效果

图1-26 场景效果

1. 新建文档

用打开软件时的引导页或"文件"菜单下的"新建"命令,新建一个文档。在"属性"面板将默认大小 550×400 像素改为 700×450 像素,如图 1-27 所示。如果界面上没有"属性"面板,可以从"窗口"菜单中打开,或按 Ctrl+F3 组合键。

兔宅动画场景绘制1

图1-27 "属性"面板

2. 绘制天空

选择工具栏中的"矩形工具" ,并设置线条颜色为"无",填充颜色为"#0099FF",然后绘制一个跟画布一样大小的矩形,如图 1-28 所示。此时的天空是单色的,显得比较单调,我们可以用"颜色"面板将单色调整为渐变颜色。

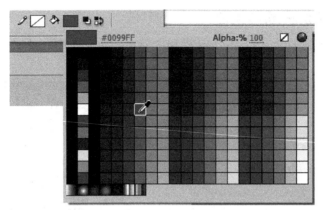

图1-28 矩形工具设置

兔宅动画场景绘制2

用"选取工具"选择刚才绘制的矩形,然后单击"颜色"面板中"纯色"两字右边的下拉菜单,弹出5种颜色类型,选择"线性渐变"选项,然后在下方的渐变颜色调节区,选择最左边的颜色控制块将颜色改为"#0099FF",将最右边的颜色控制块改为"#99CCFF",此时矩形的颜色变成了从左到右的蓝色渐变,需要用"颜料桶工具"  重新设置颜色渐变的方向,如图1-29所示。

选择"颜料桶工具",按住鼠标左键,在矩形内从下往上拉一条直线,然后松开鼠标。效果如图1-30所示。

图1-29 线性渐变设置

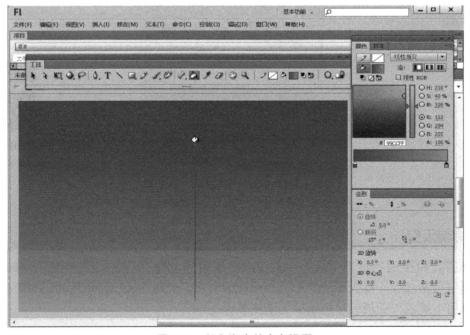

图1-30 颜色渐变的方向设置

3. 绘制草地

在时间轴上单击"新建图层"按钮，如图 1-31 所示，增加图层 2，然后单击工具栏上的"矩形工具"图标，在"颜色"面板上设置颜色类型为"径向渐变"，并设置左边的颜色控制块颜色为"#99CC00"，右边的颜色控制块颜色为"#669900"，如图 1-32 所示。

在画布下方四分之一的高度处绘制一个矩形，用"选择工具"将右上角向上拉高，并将最上方的直线拉成曲线，效果如图 1-33 所示。

图1-31　新建图层

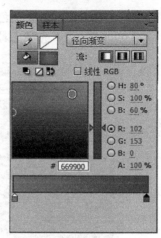

图1-32　径向渐变设置

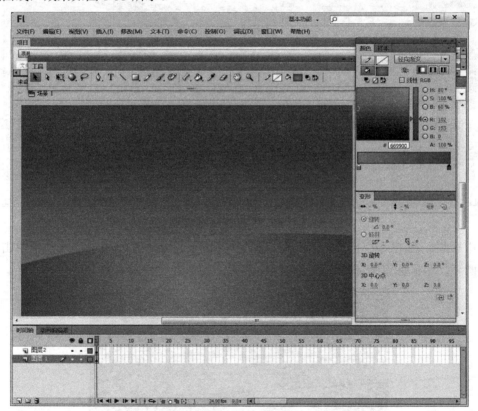

图1-33　草地的绘制

4. 绘制房屋

在时间轴上双击图层 1，将文字"图层 1"改为"天空"，同样将文字"图层 2"改为"草地"。新建图层 3 并双击图层名，然后将其改名为"房屋"。

将鼠标放到"矩形工具"上按住鼠标左键不放，在弹出的工具列表中选中"椭圆工具"，绘制一个椭圆并设置颜色为"径向渐变",左、右颜色控制块的值分别为"#FFCC66"和"#FF9900",用"选择工具"将椭圆修改成馒头状,如图1-34所示。

图1-34 椭圆屋顶的绘制

选中椭圆,在工具栏中选择"渐变变形工具",然后在画布上的椭圆中单击,会出现一个圆环,用鼠标将圆环的中心点拖曳至椭圆的左上方,如图1-35所示。

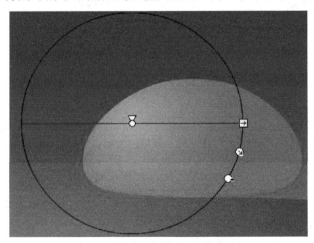

图1-35 更改椭圆屋顶的渐变中心

使用"椭圆工具"设置填充颜色类型为"线性渐变",颜色从左到右分别是"#BB9868""#663300",绘制一个小一些的椭圆,用"选取工具"向上拖曳上面的线条,移动位置直到效果如图1-36所示为止。

选择"矩形工具",设置笔触颜色为"无",填充颜色为白色,在"属性"面板的"矩形选项"中设置4个角的圆角度数,绘制一个圆角矩形,用"任意变形工具"进行变形。

选中刚绘制好的圆角矩形,按住Ctrl键的同时,利用鼠标向左拖曳复制一个同样的图形,按Q键切换到"任意变形工具",将图形缩小并修改颜色为渐变填充,颜色从左到右分别是"#663300""#BB9868",效果如图1-37所示,将其作为"蘑菇房"的门。

图1-36 蘑菇房身的绘制

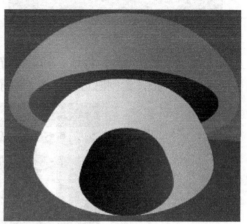
图1-37 蘑菇房门的绘制

选择"任意变形工具"再单击"门",按Ctrl+C组合键复制,再按Ctrl+V组合键粘贴,调节粘贴后的"门"宽使其变窄,将旁边多出来的细长区域颜色设置为"#999999",效果如图1-38所示。

图1-38 蘑菇门细节的增加

选择"矩形工具",设置笔触颜色为"无",填充颜色为"#FFCC99",在"属性"面板的"矩形选项"中设置4个角的圆角度数为20°,在蘑菇房旁边绘制一个圆角矩形,用"任意变形工具"将圆角矩形变成圆角梯形。复制一个梯形,将两个梯形重合,把上方的梯形向右变小,多出来的部分其颜色填充为"#FFCC99",这样一个窗户就绘制好了,如图1-39所示。选中整个窗户,按Ctrl键将其拖曳复制出另一个窗户。选择"修改"菜单下的"变形"选项,在弹出的子菜单中选择"水平翻转"命令,最后将两个窗户分别拖放到适当位置,效果如图1-40所示。

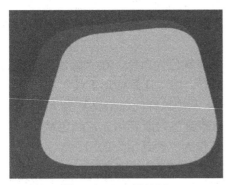
图1-39　窗户的绘制

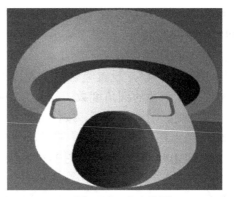
图1-40　窗户位置

选择"刷子工具" ，将填充颜色设置为白色，刷子模式设置为"内部绘制"，在蘑菇房顶部区域绘制圆形，绘制时可以更改"刷子大小"，效果如图1-41所示。

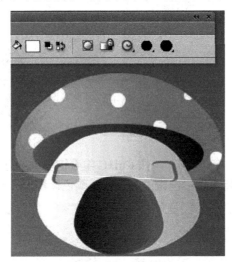
图1-41　在顶部绘制圆形

选择"文本工具"，将填充颜色设置为"#999999"，定位在门的上方，输入"兔宅"两字。选中这两个字，在"属性"面板中设置文字的字体为"方正少儿简体"，大小调整为适当的大小，效果如图1-42所示。

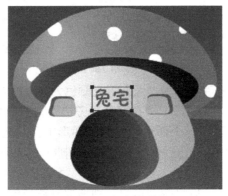
图1-42　文字的添加

选中文本，按 Ctrl+C 组合键复制，并按 Ctrl+Shift+V 组合键粘贴到当前位置。按方向键盘上的向上键 2 次，向左键 1 次，文本出现重影的效果，将上方文本颜色修改为"#663333"，呈现出阴影文字的效果，如图 1-43 所示。

图1-43　添加阴影文字效果

5. 绘制植物

Flash 提供了一个绘制植物非常方便的工具——"Deco 工具"，"Deco 工具"不但可以画树，还可以画建筑、花、火、烟等。

选中"天空"图层，单击"新建图层"按钮，新建图层 4 并改名为"树"，在这个图层中绘制树。为了方便操作，我们将其他图层锁定，如图 1-44 所示，这样被锁定的图层就无法被修改了，我们只能在未被锁定的图层上绘制图形。在"Deco 工具"的"属性"面板中设置"绘制效果"为"树刷子"，"高级选项"中选择树的类型为紫荆树。树的比例和相应的颜色可以随自己的喜好进行设置，如图 1-45 所示。

图1-44　图层锁定

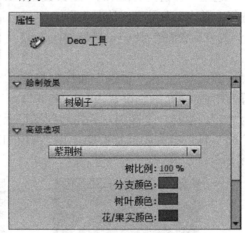

图1-45　"Deco工具"属性设置

绘制方向一般为从下往上，绘制效果如图 1-46 所示。

图1-46　绘制植物

6. 绘制太阳云朵

在"天空"图层上方新建一图层并改名为"太阳"。选择"多角星形工具",设置笔触颜色为"无",填充颜色为"#FF9966"。在"属性"面板中单击"选项"按钮,在弹出的"工具设置"对话框中选择"样式"为星形,"边数"为11,"星形顶点大小"为0.5,然后绘制一个星形如图1-47所示。

图1-47　绘制星形　　兔宅动画场景绘制3

选择"椭圆工具",在"属性"面板中将笔触颜色设置为白色,填充颜色设置为"#FF9900",笔触粗细为"5"。绘制一个椭圆,并拓展到星形上方,效果如图1-48所示。

用"笔刷工具"给太阳添加眼睛,用"刷子工具"和"线条工具"绘制出眼睛和嘴巴,如图1-49所示。

图1-48　绘制椭圆　　　　　图1-49　添加眼睛和嘴巴

在"太阳"图层上方新建一图层并改名为"白云"。选择"椭圆工具"将笔触颜色设置为"无",填充颜色设置为白色,绘制重叠的椭圆如图 1-50 所示。用同样的方法可以绘制出很多不同形状的云朵,效果如图 1-51 所示。

图1-50　白云的绘制

图1-51　白云效果

7. 绘制角色

在"房屋"图层的上方新建一图层并改名为"兔子"。选择"椭圆工具",设置填充颜色为"#FFFF99",绘制一个椭圆,并用"选取工具"将图形调整为如图 1-52 所示形状。再用"椭圆工具"在兔子的椭圆脸形状的上方绘制一个细长的椭圆,用"任意变形工具"将其旋转一定的角度,然后复制一个椭圆,将其缩小并修改颜色为"#FF9966",将小的椭圆拖放到稍大的椭圆上重叠起来,就完成了兔子耳朵的效果。将兔子耳朵选中,复制出另一个耳朵,再用"选取工具"将其拖放到适当的位置,效果如图 1-53 所示。

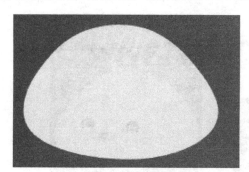

图1-52　兔子的椭圆脸

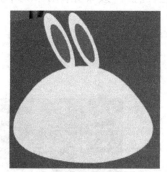

图1-53　兔子的耳朵

按住 Shift 键，用"椭圆工具"绘制一个没有线框的黑色正圆形，然后用"选取工具"选中并按住 Alt 键，向下拖曳复制出一个圆形，将复制产生的圆形的颜色修改为其他任何颜色，然后按 Q 键切换到"任意变形工具"，将下方的圆形调整为稍大的椭圆，如图 1-54 所示。

用"选取工具"将下方的椭圆移动到黑色圆形的下方，用鼠标左键在空白处单击取消选择。然后再将下方的椭圆删除，就形成了一个扇形，作为兔子的眼珠，如图 1-55 所示。用"刷子工具"在眼珠右下角画一个白色圆点，一只眼睛就完成了。移动和复制一只眼睛，再用鼠标将其移动到兔子脸上，效果如图 1-56 所示。

 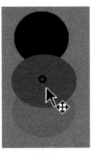

图1-54　圆和椭圆　　　　图1-55　椭圆上移

图1-56　兔子的眼睛

然后绘制兔子嘴巴。用"椭圆工具"绘制一个填充颜色为"#FF6666"的椭圆，用"选取工具"框选椭圆上半部分，按 Delete 键删除。用"线条工具"在剩下的半圆内绘制两条相交的直线，如图 1-57 所示。用"选取工具"将两条直线向上拉动使其成一定的弧度，然后选中线条上方的区域，修改填充颜色为"#660000"，并删除线条，这样就完成了兔子嘴巴的绘制。将嘴巴移动到适当位置，效果如图 1-58 所示。

图1-57　嘴巴中的线条　　　　图1-58　兔子嘴巴的效果

项目1　Flash入门

用"椭圆工具"绘制一个填充颜色为"#FFCC66"的椭圆,将其移动到兔子的左边作为尾巴。在兔子身体下方绘制一条直线,再用"选取工具"向下调整线条为曲线,修改线条颜色和填充颜色为"#FFCC66",效果如图1-59所示。

图1-59　兔子尾巴效果

用类似的简单线条法还可以绘制很多其他的卡通角色,如绘制小鸟,如图1-60所示。

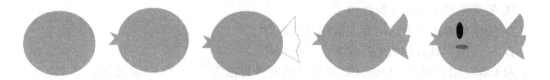

图1-60　绘制小鸟

8. 制作简单运动动画

选中整个兔子,按 F8 键,在弹出的"转换为元件"对话框中,在"名称"处输入"兔子","类型"选择为"影片剪辑",单击"确定"按钮。用同样的方法将刚才绘制的小鸟选中,建立"小鸟"影片剪辑。现在整个画面是静止的,接下来我们制作一些简单的运动动画。

兔宅动画场景制作

选中最上面图层的第 40 帧,按住鼠标左键向下拖曳选中所有图层的第 40 帧,右击,在弹出的快捷菜单中选择"插入关键帧"命令。选中小鸟所在图层的第 40 帧,然后用鼠标将"小鸟"元件拖到其他位置;选择小鸟所在图层 40 帧前面的任意一帧右击,在弹出的快捷菜单中选择"创建传统补间"命令。

按 Ctrl+S 组合键保存文件,将其命名为"我的第一个 Flash 动画",按 Ctrl+Enter 组合键测试影片,就可以看到刚才制作的动画了。

1.3　课后习题

1. Flash 源文件和影片文件的扩展名分别为（　　）。
   A. *.FLA、*.FLV　　　　　　　B. *.FLA、*.SWF
   C. *.FLV、*.SWF　　　　　　　D. *.DOC、*.GIF

2. 下列关于工作区舞台的说法中不正确的是（　　）。
   A. 舞台是编辑动画的地方
   B. 影片生成发布后，观众看到的内容只局限于舞台上的内容
   C. 工作区和舞台上的内容，影片发布后均可见
   D. 工作区是指舞台周围的区域
3. Flash 作品之所以在 Internet 上广为流传是因为采用了什么技术？（　　）
   A. 矢量图形和流式播放　　　　B. 音乐、动画、声效、交互
   C. 多图层混合　　　　　　　　D. 多任务
4. 在 Flash 中，帧频率表示（　　）。
   A. 每秒钟显示的帧数
   B. 每帧显示的秒数
   C. 每分钟显示的帧数
   D. 动画的总时长，但位图图像却不具备这样的特性
5. 关于矢量图形和位图图像，下面说法正确的是（　　）。
   A. 位图图像通过图形的轮廓及内部区域的形状和颜色信息来描述图形对象
   B. 矢量图形比位图图像优越
   C. 矢量图形适合表达具有丰富细节的内容
   D. 矢量图形具有放大仍然保持清晰的特性
6. 为了满足用户需求，Flash CC 软件可将文件导出为（　　）。（多选题）
   A. 图像　　　　　　　　　　　B. 影片
   C. 视频　　　　　　　　　　　D. 音频
7. 下列选项中，属于Flash 动画特点的是（　　）。（多选题）
   A. 体积小效果好　　　　　　　B. 具有良好的交互性
   C. 视觉效果强　　　　　　　　D. 制作成本低

习题1答案

项目 2 制作电子贺卡

2.1 行业知识导航

电子贺卡效果美观、制作方便，是借助网络传情达意的新手段，是生动、便捷、有趣的网络新宠。它通过传递一张贺卡的网页链接，收卡人在收到链接地址后，点击就可打开贺卡。贺卡种类有很多，有静态图片形式的，也有动画形式的，还有带有美妙的背景音乐的贺卡。现在网络上有很多免费的电子贺卡模板，发送电子贺卡也非常容易。

与纸质贺卡相比，电子贺卡更加生动、便捷、有趣。它不但可以凭借文字、画面、声音、动画的优势来传情达意，更重要的是，网络让它的奔跑速度更快，而且，也更环保，更节省物力、财力。

电子贺卡的制作步骤：①确定主题；②设计情节、编写剧本；③设计角色；④搜集、制作素材；⑤制作作品、设计完成。

2.2 生日贺卡制作

2.2.1 创意解析

通过简单的几何图形绘制背景、道具（霓虹灯、蛋糕、礼物等）和角色，配合简单俏皮的文字动画，完成一张生日贺卡的设计制作。要求整体设计简单、温馨，色调平和，角色可爱，能充分展示利用工具绘制场景和角色的便捷性。

生日贺卡效果如图 2-1 所示。

生日贺卡动画效果

图2-1 生日贺卡效果

2.2.2 生日贺卡的制作步骤

1. 素材准备

本案例用到的素材主要是背景音乐,通过网站下载"happy birthday.mp3",利用音频处理软件对歌曲进行编辑处理,截取需要的内容,具体操作详见3.3.1节知识点拓展。

生日贺卡-灯

2. 动画准备

(1)新建一个Flash文件,设置影片舞台尺寸为550×400像素,帧频为24fps,如图2-2所示。将文件以"生日贺卡"命名并保存。

(2)单击"文件"菜单下"导入"选项下的"导入到库"命令,或者使用Ctrl+R组合键,在打开的对话框中选择"素材"文件夹下的"happy birthday.mp3"MP3音乐文件,将其导入到库中。按Ctrl+L组合键打开"库"面板,可以看到音乐文件已经导入到库中了,如图2-3所示。

图2-2 动画"属性"设置

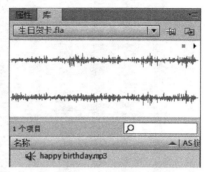

图2-3 音乐素材导入

3. 设置背景音乐

选择图层1的第一帧,按Ctrl+F3组合键打开"属性"面板,在"声音"选项的"名称"下拉列表中选择刚才导入到库的音乐名称。在"同步"下拉列表中选择"数据流"选项。效果如图2-4所示。右击图层1的第310帧,在弹出的快捷菜单中选择"插入帧"命令,按Enter键可以测试声音效果和长度。将图层1重命名为"音乐"。

图2-4 声音属性设置

4. 绘制场景背景

新建一个图层,将其重命名为"背景"。用"矩形工具"绘制一个颜色为"#FFFFCC",与画布一样大小的矩形。然后将填充颜色设置为"#FFCC99",绘制一个宽"23"、高"400"的长条形的基本矩形。复制10个刚才绘制的长条,将这11个长条选中,打开"对齐"面板,

设置顶对齐 和水平居中分布 ，完成效果如图2-5所示。

图2-5 场景背景绘制

5. 制作霓虹灯效果

按Ctrl+F8组合键新建一个影片剪辑，名称设为"灯泡1"，在场景中用"基本椭圆工具"绘制几个圆并将它们叠加在一起，组成如图2-6所示的图形。用"选取工具"框选所有图形，按F8键，将图形转换为元件，名称设为"灯泡"，类型为"影片剪辑"。

双击"库"面板中的影片剪辑元件"灯泡1"，在时间轴上选择第5帧再按F6键插入关键帧。选择"灯泡"元件，在"属性"面板的"色彩效果"选项下设置"样式"为"高级"，然后设置红色偏移为"255"，绿色偏移为"50"，蓝色偏移为"0"，效果如图2-7所示。

图2-6 灯泡绘制

图2-7 第5帧灯泡效果

用同样的方法，在第10帧处插入关键帧，选择"灯泡"元件，然后设置红色偏移为"0"，绿色偏移为"0"，蓝色偏移为"255"。在第15帧处按F6键插入关键帧，选择"灯泡"元件，然后设置红色偏移为"255"，绿色偏移为"-200"，蓝色偏移为"0"，在第19帧处按F5键插入帧，时间轴如图2-8（a）所示。这样就完成了一个霓虹灯闪耀的动画，颜色变换如图2-8（b）所示。

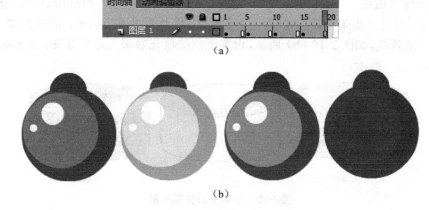

图2-8 灯泡颜色变换

提示：颜色值的设置不一定按照提供的参数，可以根据个人喜好设置相应的数值。

打开"库"面板，右击"灯泡1"元件，在弹出的快捷菜单中选择"直接复制"命令，在打开的对话框中将"名称"修改为"灯泡2"。双击进入"库"面板中的"灯泡2"元件，在时间轴中将"图层1"所有帧选中，向后移动5帧，然后将最后的5帧选中剪切并粘贴到最前面的5帧位置，删除最后的5帧。这样就将灯泡的颜色调整变换了位置。用同样的方法"直接复制""灯泡2"，并将其命名为"灯泡3"，打开"灯泡3"，用同样的方法将最后5帧移动到最前面，得到一个新的颜色变换效果。同理生成"灯泡4"。回到场景，新建"图层3"并重命名为"霓虹灯"。用"钢笔工具"在画布上方绘制一条曲线，线条粗细设为"3像素"，颜色设为"#663300"。打开"库"面板，将"灯泡1""灯泡2""灯泡3""灯泡4"拖放到场景中，缩放、旋转后放置到相应位置，效果如图2-9所示。

图2-9 霓虹灯效果

6. 绘制蛋糕

新建"图层4"并重命名为"生日蛋糕"。绘制一个椭圆，选中椭圆，按F8键将其转换成影片剪辑元件"蛋糕"。双击元件进入"蛋糕"元件编辑环境，将椭圆选中，按住 Ctrl 键向下复制一个，再用"线条工具"绘制两根线条，将两个椭圆连接起来，如图 2-10（a）所示。删除中间的一条弧线，如图 2-10（b）所示，设置颜色的填充效果为蓝色渐变,填充椭圆和扇形,效果如图 2-10（c）所示。

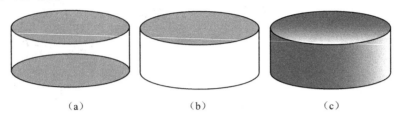

图2-10　绘制生日蛋糕外形

删除线条，选择"喷绘工具"，在"属性"面板中设置"绘制效果"为"花刷子"，"高级选项"为"玫瑰"，设置"花色"为粉色，然后在场景上单击，选择一个形状较好的玫瑰花形状，删除叶子部分。选中玫瑰花，沿着蛋糕线条的位置移动并复制花朵，效果如图 2-11 所示。

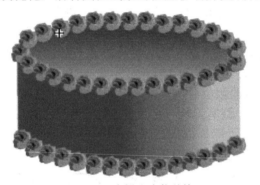

图2-11　绘制玫瑰花装饰

生日贺卡-蛋糕

接下来绘制蜡烛，用"矩形工具"绘制一个矩形，将填充颜色设置为线性渐变。在矩形中绘制两条斜线，用"选取工具"将斜线向下拉弯一定的弧度，并填充为白色,删除所有线条。选中白色区域，按住 Alt 键向下移动复制，将蜡烛顶部和底部的线条分别向上、向下拉弯一定的弧度。然后选择整个对象，按 Ctrl+G 组合键编组，阶段效果如图 2-12 所示。

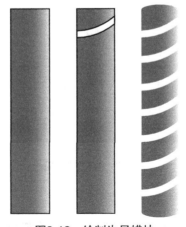

图2-12　绘制生日蜡烛

用"钢笔工具"绘制一个火苗形状,设置红色到黄色的"径向渐变填充",填充火苗形状。删除线条,用"渐变变形工具"调整填充形状和中心点位置,阶段效果如图2-13所示。

图2-13 绘制火苗

选中火苗,按F8键将其转换为影片剪辑元件,名称为"火苗"。双击进入"火苗"影片剪辑编辑场景,在时间轴的第5帧处按F6键插入关键帧,选中火苗再用"变形工具"将火苗压扁并水平翻转,在第9帧处插入帧。

返回蛋糕场景,将绘制好的火苗放到蜡烛上,选中蜡烛和火苗并将它们移动到蛋糕适当的位置,效果如图2-14所示。

图2-14 生日蛋糕整体形状

回到主场景,新建"图层5"并重命名为"桌面",将图层拉至"蛋糕"图层的下方。用"椭圆工具"绘制一个较大的浅绿色椭圆并放置到画布的下方,效果如图2-15所示。

图2-15 绘制桌面

7. 制作角色动画

新建影片剪辑元件，名称设为"小猫"。将"图层1"改名为"头部"，在元件场景中绘制一个椭圆。用"线条工具"绘制耳朵，并用"选择工具"将线条拉弯，给耳朵填充颜色。复制耳朵并粘贴到当前位置，修改颜色为白色，缩小耳朵放置到相应的位置，阶段效果如图2-16所示。

图2-16　绘制小猫头部

用"线条工具"在头部绘制3条线并拉弯，用"刷子工具"绘制眼睛，用"椭圆工具"和"线条工具"绘制嘴部，阶段效果如图2-17所示。

图2-17　绘制小猫眼睛和嘴部

新建"图层2"并改名为"身体"，将图层拖放到"头部"图层的下方。用"基本椭圆工具"绘制一个椭圆放置到相应的位置作为小猫的身体。

新建"图层3"并改名为"右手"，绘制一个椭圆并放置到适当的位置，将其作为右手。复制右手图形，新建"图层4"并改名为"左手"，粘贴图形，用"任意变形工具"水平翻转，用鼠标拖放到适当的位置，将其作为左手。

新建"图层5"并改名为"脚"，粘贴两次，用"任意变形工具"旋转，用鼠标将其拖放到适当的位置，作为脚。效果如图2-18所示。

图2-18　绘制小猫身体

生日贺卡-角色

项目2 制作电子贺卡

接下来制作小猫的动作。选择小猫嘴部的两根线条,将其转换为影片剪辑,名称设为"嘴部动画",双击进入"嘴部动画"元件,在时间轴上第5帧处插入关键帧,在嘴部的两根线条之间绘制一条直线并用"选择工具"拉弯,效果如图2-19所示。在第9帧处插入帧完成嘴部动画。

返回"小猫"元件场景,选择右手,将其转换为影片剪辑元件,名称设为"右手动画"。双击元件进入"右手动画"场景,在第5帧处插入关键帧,将右手选中并旋转一定的角度,然后在第9帧处插入帧,效果如图2-20所示。

图2-19 小猫嘴部动画

图2-20 小猫右手动画

返回小猫元件场景,用同样的方法制作左手动画。

制作蓝色小熊,打开"库"面板,右击"小猫"元件,在弹出的快捷菜单中选择"直接复制"命令,在弹出的对话框中将名称改为"小熊"。

双击进入"小熊"元件,删除小猫头部的3根线条,除了左右手外将主色调改成浅蓝色。用"部分选取工具"选中小熊耳朵部分的线条,将形状转变为节点选取方式,调整耳朵尖角的位置和弧度,使其效果如图2-21所示。

图2-21 绘制小熊头部

提示:调整耳朵线条时,可以用"部分选取工具"结合钢笔工具组下的"转换锚点工具"。

绘制浅蓝色椭圆,让椭圆与小熊眼睛相交,制作出小熊笑眼的效果,如图2-22所示。

35

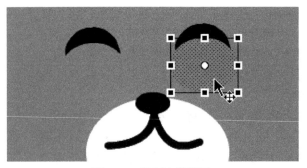

图2-22　绘制小熊眼睛

小熊的整体形象效果如图2-23所示。

右击"右手动画"元件，在弹出的快捷菜单中选择"直接复制"命令，在弹出的对话框中将名称改为"小熊右手动画"。双击"小熊右手动画"元件，将关键帧的图形填充成浅蓝色。用同样的方法制作出"小熊左手动画"。

打开"小熊"元件，选中右手，在"属性"面板中单击"交换"按钮，在弹出的对话框中选择"小熊右手动画"元件，如图2-24所示。同理将左手交换成"小熊左手动画"元件。

图2-23　小熊整体形象效果

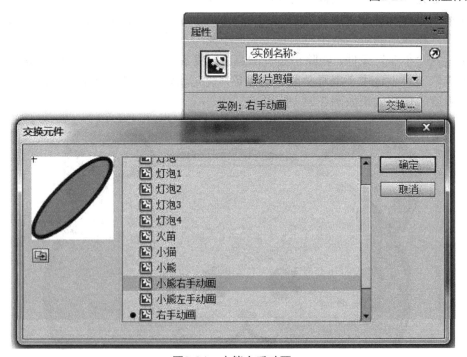

图2-24　小熊右手动画

至此就完成了小猫和小熊两个角色的制作。返回主场景，在"桌面"图层的下方新建两个图层分别命名为"小猫""小熊"。打开"库"面板，将"小猫"元件和"小熊"元件分别拖放到相应的位置，效果如图2-25所示。

图2-25　主场景

将小猫图层的第1帧拖曳到第25帧，在第45帧处插入关键帧。选中第25帧中的小猫，将小猫元件向左拖曳到舞台外面，右击第25帧，在弹出的快捷菜单中选择"创建传统补间"命令。

将小熊图层的第1帧拖曳到第35帧，在第55帧处插入关键帧。选中第35帧中的小熊，将小猫元件向右拖曳到舞台外面，右击第35帧，在弹出的快捷菜单中选择"创建传统补间"命令。

8. 制作文字动画

在主场景中新建图层，并重命名为"文字1"。用"文字工具"在舞台中央输入文字"猪"，字体大小设为"120"，粉色。按Ctrl+B组合键将文字打散，用"墨水瓶工具"给文字添加白色、5像素的描边，效果如图2-26所示。选中整个文字将其转换成图形元件，名称为"文字1"。

生日贺卡-文字

图2-26 文字效果

在"文字1"图层中选中第1帧关键帧,并拖曳到第50帧,分别在第60帧和第65帧处插入关键帧。

选择第50帧,在舞台上选择文字,按Ctrl+T组合键打开"变形"面板,锁定长宽约束,将缩放宽度设置为"0"并回车,同时缩放高度也会变为"0",如图2-27所示。

用同样的方法,设置第60帧处的文字缩放宽度为"250"。右击第50帧,在弹出的快捷菜单中选择"创建传统补间"命令。右击第60帧,在弹出的快捷菜单中选择"创建传统补间"命令。选中第65帧的文字,向上移动一定的距离。保存文件后按Enter键测试影片效果。

新建图层,在"猪"字的两边分别输入文字"生日"和"快乐",字体大小"60",颜色为粉色。将文字打散,用"墨水瓶工具"给4个字添加3像素的粉色描边,效果如图2-28所示。

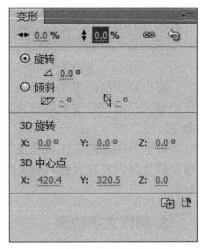

图2-27 文字变形设置

将4个文字逐个转换为图形元件,然后将4个文字全部选中,右击,在弹出的快捷菜单中选择"分散到图层"命令,这时4个文字元件分别被放置到4个图层中。选中这4个图层的第1帧,将帧向后拖曳到第70帧,在这4个图层的第80帧处插入关键帧,将第70帧4个图层中的文字元件全部选中,打开"变形"面板,在缩放宽度处输入数值"0"。然后选中4个图层的第70帧,右击,在弹出的快捷菜单中选择"创建传统补间"命令以生成动画,并打开"属性"面板,设置"补间选项"选项下"旋转"为"顺时针"。将"日""快""乐"3个文字图层的帧分别向后移动一定的帧数,达到文字逐个出现的效果,如图2-29所示。

图2-28 文字效果

图2-29 文字动画设置

在所有图层的上面新建一个图层，并重命名为"礼物"，新建元件"礼物"，类型为"影片剪辑"。用"矩形工具"绘制一个浅蓝色的矩形，再用"任意变形工具"调整矩形变成一个倒梯形，然后用"刷子工具"在图形的内部绘制浅绿色的线条，最后点上大小不一的橙色圆点。将粉色矩形作为礼物系带，用"钢笔工具"绘制蝴蝶结，阶段效果如图2-30所示。选中整个礼物并将其转换为"图形"元件。

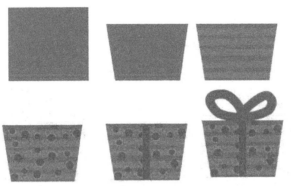

生日贺卡-礼物

图2-30　绘制礼物

返回主场景，在"礼物"图层的第130帧处插入关键帧，将"礼物"影片剪辑拖放到场景中的适当位置。双击"礼物"处影片剪辑元件，进入影片剪辑场景，在第10帧、第12帧、第14帧、第16帧、第40帧处分别插入关键帧；将第1帧的图形向上移动到画布的外面，右击第1帧，在弹出的快捷菜单中选择"创建传统补间"命令；将第10帧、第14帧的图形分别向左、右旋转一定的角度，效果如图2-31所示。

图2-31　礼物动画设置

返回主场景，在"礼物"图层上方新建图层，并重命名为"礼物2"，在第140帧处插入关键帧。打开"库"面板，将"礼物"影片剪辑拖放到场景中的适当位置，并适当缩小。打开"属性"面板，设置"色彩效果"选项的"样式"为"高级"，设置红色偏移为"210"，绿色偏移为"60"，蓝色偏移为"0"，如图2-32所示。

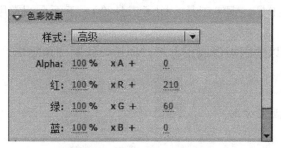

图2-32 礼物色彩效果设置

在"礼物2"图层的上方新建图层，并重命名为"黑幕"。用"矩形工具"绘制一个比画布大的黑色矩形，在第25帧处插入关键帧，将矩形的填充颜色的透明度Alpha值修改为"0"，如图2-33所示。右击第1帧，在弹出的快捷菜单中选择"创建传统补间"命令，生成形状动画。

删除所有图层第310帧后的动画帧，保存文件，按Enter键测试动画效果。

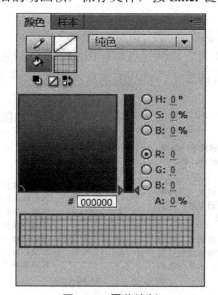

图2-33 黑幕绘制

2.3 知识点拓展

组成Flash动画的基本元素是图形和文字，绘制图形是学习Flash动画的基础，制作一个高品质的动画离不开创作者高超的绘图能力和审美水平。Flash提供了功能丰富的图形绘制与编辑工具，使用这些工具基本可以满足动画制作的需要。此外还可以通过其他图形绘制软件绘制所需的图形，然后导入到Flash中进行编辑，这样可以进一步补充Flash的绘图功能，也可以导入位图并对位图进行编辑修改。

2.3.1 绘图工具

1. 基本绘图工具

基本绘图工具包括几何形状绘制工具（线条工具、椭圆工具、矩形工具、多角星形工具）和徒手绘制工具（铅笔工具、钢笔工具、刷子工具等）。下面介绍常用的基本绘图工具。

1）矩形工具

用"矩形工具"可以绘制矩形或正方形，还可以绘制圆角矩形。它们是由轮廓线与填充色两部分组成的。

注意：
> 按Shift键可以画正方形。

2）椭圆工具

"椭圆工具"擅长绘制椭圆和正圆，还可绘制扇形、空心椭圆或空心扇形。

注意：
> 按Shift键可以画正圆。

3）多角星形工具

"多角星形工具"擅长绘制多边形和星形。

4）刷子工具

"刷子工具"与"铅笔工具"一样，都可以用于绘制线条，但"刷子工具"绘制线条时使用的是填充色，而"铅笔工具"绘制线条时使用的是笔触颜色。

在使用"刷子工具"时要注意工具选项的设置，涉及的工具选项有：刷子模式、刷子大小、刷子形状。

刷子可以设置其形状和大小，共有5种模式可供选择，如图2-34所示。

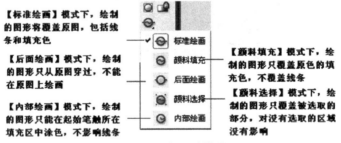

图2-34　刷子5种模式

5）钢笔工具

"钢笔工具"擅长绘制直线和曲线，是Flash中最灵活的绘图工具，也是功能最强的绘图工具。它既可以用来绘制线条，也可以用来绘制图形。

6）线条工具

在使用"线条工具"绘制直线时，按住Shift键可以绘制水平、竖直方向的直线，也可以绘制出45°角的直线。

7）铅笔工具

"铅笔工具"也是线条绘制工具，但是可以按照我们的意愿绘制出任意形状的线条，就像真正握了一支铅笔一样，自由度很高。"铅笔工具"有三种绘图模式（直线化、平滑和墨水）。

在使用"铅笔工具"的过程中按住 Shift 键，则线的延伸方向将被限制在水平、竖直方向。

2. 填充工具

填充工具包括刷子工具、墨水瓶工具和颜料桶工具。它们的作用是对图形的轮廓线或填充色进行修改与填充。对轮廓线的填充只能是单色；对填充色的填充可以是单色，也可以是渐变色，甚至可以是位图。

1）颜料桶工具

"颜料桶工具"可以进行纯色填充、渐变色填充（分为线性渐变色和放射性渐变色）和位图填充。

注意：

　　Shift+拖动，渐变线条为直线。

使用"颜色"面板来设置填充的纯色时，又有三种方法：
- 通过输入 RGB 的值及透明度来选择具体颜色；
- 通过输入十六进制数来选择颜色；
- 先选择色块，再选择明暗度来设置颜色。

"颜料桶工具"有 4 种填充模式，具体如图 2-35 所示。

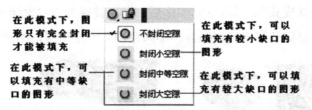

图2-35　颜料桶工具4种填充模式

2）渐变变形工具

渐变变形工具用于编辑图形的渐变填充效果，它可以调整渐变颜色的方向、填充范围的大小以及渐变填充的中心点等。

3）墨水瓶工具

墨水瓶工具主要用于修改矢量图形的线条，如改变线条的粗细和颜色，也可以为没有轮廓线的填充区添加边线。另外，墨水瓶工具除了可以使用纯色填充线条，还可以使用渐变色或者位图来填充线条。

3. 编辑工具

使用绘图工具直接绘制的图形往往不能满足动画设计的需要，还要使用图形编辑工具对其进行重新编辑，使其达到设计要求。

编辑工具包括选择工具、部分选取工具、套索工具、橡皮擦工具和任意变形工具。

1）选择工具

利用选择工具可以选择并移动对象，还可以很方便地调整图形的形状。

提示：

　　按住Alt键的同时将光标指向矩形的任意一条边时，当光标下方出现一个弧线标志时拖曳鼠标，则该边产生尖角，从而可以改变矩形的形状。

2）部分选取工具

部分选取工具用于调整路径的锚点,通过调整路径的锚点可以改变图形的形状。部分选取工具的使用相对复杂一点,但是它的功能也更强一些。

Flash 中的图形对象表现为两种状态:当使用选择工具时,图形对象表现为图形状态;当使用部分选取工具时,图形对象表现为路径状态,这时就可以像调整贝塞尔曲线一样来调整图形了。

3）橡皮擦工具

利用橡皮擦工具可以设置其形状和大小,共有 5 种模式可供选择。

注意:

双击"橡皮擦工具"可以擦除舞台上的所有对象。

4）任意变形工具

利用任意变形工具可以任意地改变选择对象的大小、旋转角度与倾斜角度等,同时它也具有选择移动对象的作用。

2.3.2 图形绘制模式

使用绘图工具绘制图形时,有两种绘图模式:合并模式和对象绘制模式。当选择绘图工具时,默认的是"合并模式";当按下 图标后,即可转换为"对象绘制模式"。

合并模式的特点是同色图形互相融合,不同色图形产生切割,如图 2-36 所示。

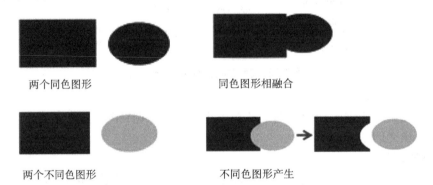

图2-36 同色和不同色图形的合并

对象绘制模式的特点是绘制的各图形互不影响,便于设置排列和对齐方式,如图 2-37 所示。

图2-37 对象绘制模式的特点

采用对象绘制模式绘制的图形,若要更改其对象上下层的排列顺序,只需选中对象,在"修改"→"排列"菜单中选择一种方式即可。

使用合并模式和对象绘制模式绘制的图形对象是可以互相转换的,具体操作如下:

要将对象绘制模式绘制的图形转换为合并模式绘制的图形，只要将各对象进行分离操作，即选择"修改"→"分离"命令或按 Ctrl+B 组合键即可。

要将合并模式绘制的图形转换为对象绘制模式绘制的图形，则应选择"修改"→"合并对象"→"联合"命令。

2.3.3 图层

图层用于组织文档中的插图。可以在图层上绘制和编辑对象，而不会影响其他图层上的对象。在图层上没有内容的舞台区域中，可以透过该图层看到下面的图层。

要绘制、涂色或者对图层或文件夹进行修改，请在时间轴中选择该图层以激活它。时间轴中图层或文件夹名称旁边的铅笔图标表示该图层或文件夹处于活动状态。一次只能有一个图层处于活动状态（尽管一次可以选择多个图层）。

在同一图层上，Flash 会根据对象绘制的先后顺序层叠放置。先绘制的放在最下面，最后绘制的放在最上面。对于群组、绘制对象、元件实例和文本，可以改变它们在舞台上的叠放次序。

2.3.4 图形的组合与打散

组合图形的快捷键为 Ctrl+G，打散图形的快捷键为 Ctrl+B，图形打散后相交的部分会融合为一体，组合的群组是相互独立的。

2.3.5 文本工具

要创建漂亮的文字，第一步要选择合适的字体；第二步是对文字进行变形，如压缩、倾斜、旋转等，还可将文字打散后使用图形绘制工具来调整文字形状。

2.3.6 元件、库与实例

Flash 动画的最大优点就是文件体积非常小，特别适合网络传输。Flash 动画的文件体积之所以很小，除了它是一个矢量文件，还与元件和实例的使用密不可分。

1. 库、元件、实例

"库"面板中存放的元素就是元件。Flash 中的元件可以是由 Flash 创建的影片剪辑、图形、按钮元件，也可以是从外部导入的图像、声音、视频元素等。在动画创作过程中需要使用哪个元件，就可以将该元件从"库"面板拖曳到舞台中，拖曳到舞台中的元件成为该元件的实例。

对于元件和实例的理解，还可以这样比喻：假设 Flash 动画是一部电影，那么元件就是演员，元件的实例就是角色。一个演员在一部电影中可以演多个角色。实例的修改不会影响元件本身，而元件的修改会影响到所有应用该元件的实例。

2. 元件与元件类型

虽然"库"面板中的元素都称为元件，但 Flash 中作为动画对象的元件只能是"影片剪辑""图形""按钮"这三种。虽然其他使用绘图工具绘制的图形、导入的外部图像或编辑的文字也可以用来制作动画，但它们均不具备元件的一些特性，在 Flash 中只有元件是最活跃的动画元素。

1）创建元件

创建元件有两种方法：

- 按 Ctrl+F8 组合键（选择菜单"插入"→"新元件"命令）创建新元件，然后在元件中放置对象。
- 在舞台中先创建动画对象，然后按 F8 键将其转换为元件（选择菜单"修改"→"转换为元件"命令）。

2）元件的类型

Flash 的元件类型主要有三种："影片剪辑""按钮""图形"，各自的特性与作用介绍如下。

- 影片剪辑（MC Movie Clip）：是个"万能演员"，它能创建出丰富的动画效果。拥有自己独立的时间轴，影片剪辑的播放不受主场景时间轴的影响，并且在 Flash 中还可以对影片剪辑元件进行 ActionScript 脚本设置，使用交互控制和声音。
- 按钮：好比"个别演员"，它无可替代的优点在于使观众与动画更贴近，在动画中使用按钮元件可以实现动画与用户的交互。
- 图形：好比"群众演员"，到处都有它的身影，能力却有限。它是最基础的元件类型，一般作为动画制作中的最小管理元素，它也具有时间轴，所以也可以将图形元件设置为动画形式，但是图形元件动画的播放会受到主场景的影响，它只能播放一次，不能循环，当影片停止时，图形元件的动画也随之停止。

3）元件的特点

元件的重要特点就是可以重复利用，Flash 最终生成的动画中只记录一个元件的体积，并不会因为舞台中有多个元件的实例而增加文件的体积。

使用"元件"的好处有：一是可以重复使用"库"中已存在的元件；二是想改变实例的效果不用一个一个来修改，只要修改"库"中的元件；三是同一个元件的实例还可以通过"属性"面板来修改它的"位置""颜色""透明度"等，使每个实例都有所不同；四是舞台上每个元件的实例都是一个整体，图形之间不会相互影响。

2.3.7 导入外部文件

Flash 能导入图形、图像、声音、视频等外部文件，包括有层的 psd、ai 格式。其方法：选择菜单"文件"→"导入"→"导入到库"命令。

认识元件

2.3.8 色彩效果

每个元件实例都可以有自己的色彩效果。要设置实例的颜色和透明度选项，可以使用属性检查器。当在特定帧中改变一个实例的颜色和透明度时，Flash 会在显示该帧时立即进行这些更改。

注：如果对包含多帧的影片剪辑元件应用色彩效果，Flash 会将该效果应用于该影片剪辑元件中的每一帧。

亮度：调节图像的相对亮度或暗度，度量范围是从黑（-100%）到白（100%）。若要调整亮度，请单击三角形滑块并拖动，或者在框中输入一个值。

色调：用相同的色相为实例着色。要设置色调百分比[从透明(0%)到完全饱和(100%)]，请使用属性检查器中的色调滑块。若要调整色调,请单击三角形滑块并拖动,或者在框中输入一个值。若要选择颜色,请在各自的框中输入红、绿和蓝色的值;或者单击"颜色"控件,然后从"颜色选择器"中选择一种颜色。

Alpha:调节实例的透明度,调节范围是从透明(0%)到完全饱和(100%)。

高级:分别调节实例的红色、绿色、蓝色和透明度值。想要在位图这样的对象上创建和制作具有微妙色彩效果的动画,则此选项非常有用。左侧的控件使你可以按指定的百分比降低颜色或透明度的值,右侧的控件使你可以按常数值降低或增大颜色或透明度的值。

2.3.9 "修改"菜单

选择"修改"→"变形"命令,可以对绘制的对象进行各种变形,包括翻转操作等。

选择"修改"→"形状"命令,可以①将线条转换为填充;②柔化填充边缘(避免边缘看起来过于生硬);③扩展填充(可以将图形的填充区域扩大或者收缩)。

2.3.10 动画的基本制作方法

1. 动画对象

在 Flash 中,构成动画的基础对象主要有 5 种,分别为图形、文字、组合、实例、位图。另外,如果要为动画添加音效或背景音乐,则声音也可以看成是一种动画对象。动画对象好比是影片中的主人公,构成了 Flash 动画的主要情节。

2. 动画类型

1)逐帧动画

逐帧动画是 Flash 所提供的最基本的动画形式,是一种传统的动画形式,制作起来比较烦琐。将动画的每一帧均设置为关键帧,则可以通过改变每一个关键帧中的图像而产生动画效果。这类动画需要用户将每一帧出现的图形都绘制出来,要求用户有较强的逻辑思维和一定的绘图功底。制作逐帧动画时必须对整个动画有一个清晰的认识,知道在每一帧上自己要做什么,应该做什么,这样才能够利用 Flash 完成动画的制作。

2)形状补间动画

形状补间动画被应用于基本形状的变化,它是某一个对象在一定时间内其形状发生过渡型渐变的动画,可以完成图形的移动、缩放、形状渐变、色彩渐变及速度变化等动画。

注意:

它的作用对象只有图形对象,所以使用这类动画时一定要保证关键帧中没有实例、组合对象及文字对象,否则会导致形状补间动画无效。

形状补间动画用位于时间轴上动画的开始帧与结束帧之间区域的一个绿色的连续箭头表示。

3)运动补间动画

运动补间动画被应用于把对象由一个地方移动到另一个地方的情况,也可应用于形成物体的缩放、倾斜或者旋转的动画,还可用于形成元件的颜色和透明度变化的动画。

注意:

它的作用对象是实例、组合对象及文字对象等,不能作用于图形对象。

其属性有：简易（用于设置动画的加速度，为正值时动画播放的速度由快到慢，参数越大，变速效果越明显；为负值时动画播放的速度由慢到快，参数越小，变速效果越明显；值为 0 时动画的播放速度是匀速的）、旋转（用于设置动画对象在运动过程中的自身旋转情况，可以是顺时针旋转、逆时针旋转、自动旋转或不旋转。在其右侧的文本框中可以设置动画对象的旋转次数）。

注意：

  传统补间动画：最好将对象转换为元件。

  补间动画：需要将对象转换为元件。

  认识逐帧动画 认识形状补间动画 认识传统补间动画

2.4 拓展练习

1. 项目任务

请根据本节的实训内容，自行设计一个"新年贺卡"。

2. 设计要求

- 背景、角色、道具尽量手绘原创，也可用少量图片。
- 要有体现新年的音乐。

2.5 课后习题

1. 以下关于逐帧动画和补间动画的说法中正确的是（   ）。
A. 两种动画模式 Flash 都必须记录完整的各帧信息
B. 前者必须记录各帧的完整记录，而后者不用
C. 前者不必记录各帧的完整记录，而后者必须记录完整的各帧记录
D. 以上说法均不对

2. 下列关于元件和元件库的叙述，不正确的是（   ）。
A. Flash 中的元件有三种类型
B. 元件从元件库拖到工作区中就成了实例，实例可以复制、缩放等各种操作，观众看到的内容只局限于舞台上的内容
C. 对实例的操作，元件库中的元件会同步变更，影片发布后均可见
D. 对元件的修改，舞台上的实例会同步变更

3. 构成 Flash 动画的基本元素是（   ）。
A. 帧   B. 元件   C. 图像   D. 字体

4. 形状补间只能用于（   ）。
A. 矢量图形   B. 任何图形   C. 任何图像   D. 位图

5. 下列选项中，用于插入关键帧的快捷键为（   ）。
A. F5   B. F6   C. F7   D. F8

6. 在 Flash 中，段落的对齐方式包含以下哪几种？（　　）（多选题）
A. 左对齐　　　　B. 居中对齐　　　　C. 右对齐　　　　D. 两端对齐
7. 在 Flash 中，通过任意变形工具可对图形进行下列哪些操作？（　　）（多选题）
A. 旋转　　　　　B. 倾斜　　　　　　C. 扭曲　　　　　D. 缩放

习题2答案

项目 3
制作音乐MV

3.1 行业知识导航

在制作音乐 MV 动画前,需要了解音乐 MV 的设计特点和设计要求,这样才能在制作音乐 MV 时有的放矢,制作出高品质的 MV。下面就音乐 MV 动画的特点、设计要求,向读者做一个全面的介绍,并展示几类精彩的音乐 MV 动画。

3.1.1 音乐MV的特点

音乐 MV 就是为音乐制作动画,用场景来补充音乐所无法涵盖的信息和内容,使原本纯粹的听觉艺术,变为视觉和听觉相结合的一种崭新的艺术样式。具体地讲,就是把包含在音乐中的故事情节用场景的形式呈现出来,让人们从视觉和听觉两个方面去感受音乐中的世界,达到视听融合的境界,用户听音乐的同时也在看一个故事。

诠释音乐是 Flash 音乐 MV 的一个重要特点,不同类型的音乐,特点也不尽相同。

1. 流行音乐

流行音乐是指结构短小,内容通俗,情感真挚,并被广大群众所喜爱,流行一时甚至流传后世的器乐曲和歌曲。制作流行音乐 MV 时,内容要求通俗易懂,形式活泼。

2. 古典音乐

古典音乐是历经岁月考验,盛久不衰,为众人喜爱的音乐。古典音乐是一个独特的流派,艺术手法讲求精炼,追求理性表达情感。创作古典音乐 MV 时,要根据音乐表现内容,用场景来诠释音乐,帮助人们能更好地欣赏音乐。

3. 摇滚音乐

摇滚音乐具有快速、易于跳舞和容易记忆等特点,制作此类 MV 时要求场景跟上音乐的节奏,表现手法强烈。

4. 轻音乐

轻音乐可以营造温馨浪漫的氛围,带有休闲性质,它节奏明快、旋律优美,所以轻音乐的 MV 制作要求结构简单、场景轻快。

5. 儿歌

儿歌是以儿童为主要接受对象的具有民歌风味的简短诗歌，其内容多反映儿童的生活情趣，传播生活、文化知识等。制作儿歌 MV 时，要求内容浅显，篇幅简短，节奏欢快。

3.1.2　音乐MV的设计要求

在设计音乐 MV 动画时，有以下 4 个设计要求，具体介绍如下。

1. 创意

衡量一个 Flash 音乐 MV 的优劣标准是它能否更好地诠释音乐。高质量的音乐 MV 要求以音乐本身为线索创作动画，而不是根据动画创作音乐。

2. 主题

音乐的曲风分类很多，制作音乐 MV 要能抓住音乐所表现的主旨，深刻理解音乐背后所隐含的情节，做到视听和谐。

3. 技法

在制作音乐 MV 时，可以用音乐处理软件处理相关的音乐素材，如 GoldWave、千千静听。

4. 动画

动画制作过程中，不必采用过于复杂的动画类型，简单的文本动画即可。动画中的造型应尽量卡通化。

3.1.3　精彩的音乐MV欣赏

音乐 MV 在网络上随处可见，给人们的休闲生活带来无与伦比的视听享受。

1. 流行音乐MV

流行音乐的作品通俗易懂，以表现爱情主题的为多，强调个人情感，容易引起人们的情感共鸣。而且流行音乐旋律易记易唱，人们可以主动参与表演，增加了互动的乐趣，得到了放松与享受，如图 3-1、图 3-2 所示。

图3-1　流行音乐MV（1）

图3-2 流行音乐MV（2）

2. 古典音乐MV

古典音乐给人们带来不仅是优美的旋律，充满易趣的乐思，还有真挚的情感，或宁静、典雅，或震撼、鼓舞，或欢喜、快乐，或悲伤、惆怅，如图3-3所示。

图3-3 Sad Angel（悲伤的天使）

3. 儿歌MV

儿歌吟唱中，优美的旋律、和谐的节奏和真挚的情感可以给儿童以美的享受和情感熏陶。MV可以有趣地帮助儿童认识自然界，认识社会生活，开发他们的智力，启迪他们的思维和想象力，如图3-4、图3-5所示。

图3-4 儿歌MV（1）

图3-5 儿歌MV（2）

4. 轻音乐

轻音乐结构小巧简单，节奏明快舒展，旋律优美动听，它没有什么深刻的思想内涵，带给人们的是轻松优美的享受，其主要的特点是轻松活泼，如图3-6所示。

图3-6 天籁之音

3.2 婚礼音乐MV的制作

3.2.1 创意解析

现在流行在婚礼上播放利用新婚夫妇的婚纱照片结合浪漫的音乐制作而成的动感MV。本案例用Flash CS6制作一个婚礼现场MV，场景效果如图3-7、图3-8、图3-9、图3-10所示。

MV效果

图3-7　画面效果图1

图3-8　画面效果图2

图3-9　画面效果图3

图3-10　画面效果图4

3.2.2　Flash MV的制作

1. 素材准备

本案例用到的素材主要有MV标题、婚纱照片、背景音乐。使用Photoshop对婚纱照片进行美化处理，并将图片大小统一为768px×576px。用Photoshop设计一个MV标题图片。背景音乐选择了一首比较温馨浪漫的歌曲——《最浪漫的事》。通过网站下载"最浪漫的事3.mp3"，利用音频处理软件对歌曲进行编辑处理，获取MV中需要的部分，具体操作详见3.3节知识点拓展。

2. 动画准备

（1）新建一个Flash文件，设置影片舞台"尺寸"为768px×606px，"背景颜色"设置为"#CCCCCC"，"帧频"为"24"fps，如图3-11所示。将文件以"婚礼MV"命名并保存。

片头

（2）导入图片素材和音乐文件。点击"文件"菜单，选择"导入"选项下的"导入到库"（或者按Ctrl+R键），打开"导入"面板，选择编辑好的图片和音乐文件将其导入。

（3）对"库"面板中的内容进行整理。点击"库"面板下方的"新建文件夹"按钮，新建一个文件夹，并命名为"素材"，将导入的图片及音乐素材拖曳到该文件夹下，如图3-12所示。在接下来的操作中，我们也要对"库"面板进行整理，方法与之相同。

项目3 制作音乐MV

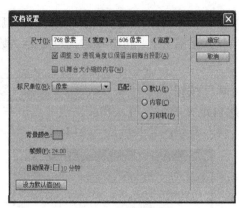

图3-11 文档设置

图3-12 库面板

3. 制作幕布

（1）回到场景，重命名图层1为"背景"。缩小画布，设置为"50%"显示。

（2）新建一个图层，并命名为"幕布遮罩"，选择"矩形工具" ，设置笔触为"无"，填充颜色为"黑色"。在该图层画一个比场景大很多的矩形，遮盖住场景。最后隐藏该图层。

（3）选择"背景"图层，再选择"矩形工具" ，设置笔触为"无"，填充颜色为"白色"，画一个与场景相同大小的矩形，位置和场景重叠［通过矩形的"属性"面板，设置矩形的大小为768px×606px，坐标为（0，0）］。

（4）选择"背景"图层的白色矩形，按Ctrl+X键剪切，显示"幕布遮罩"图层，选择第一帧，按Ctrl+Shift+V键粘贴。选择中间的白色矩形，按Delete键删除，只剩下外围的黑色边框。锁定"幕布遮罩"图层，如图3-13所示。

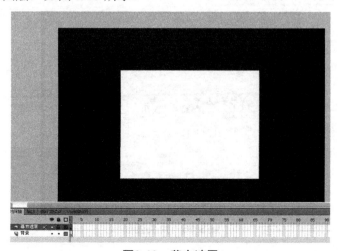

图3-13 幕布遮罩

4. 片头制作

（1）选择"背景"图层的第 1 帧,将图片素材"beijing.jpg"从"库"面板中拖动到舞台上,设置坐标为（0,0）。选中场景中的背景图片,按 F8 键将其转换为图形元件,并命名为"bj"。选择"矩形工具" ,设置笔触为"无",填充颜色为"#F35B74",在图片下面绘制一个 768px×30px 的矩形,用于放置歌词。

（2）在"背景"图层上新建一个图层,并命名为"音乐"。选择第 1 帧,打开"属性"面板,在"声音"的"名称"处选择"库"面板中导入的音乐,"同步"方式设置为"数据流",其他保持默认设置,如图 3-14 所示。

（3）单击"效果"右边的"编辑声音封套"按钮 ,打开"编辑封套"对话框,如图 3-15 所示,以创建自定义的声音淡入和淡出点。点击右下角的"帧"按钮和"放大缩小"按钮,显示音乐波形,获取音乐的总长度约为 2141 帧。

图3-14　加入声音文件　　　　图3-15　"编辑封套"对话框

（4）回到时间轴面板,在"背景"和"音乐"图层的第 2120 帧处插入普通帧（按 F5 键）。

（5）在"背景"图层上新建一个图层,并命名为"标题"。选择"标题"图层的第 1 帧,将图片素材"标题 1.png"从"库"面板中拖动到舞台上,调整位置。选择该图层的第 51 帧,按 F7 键插入空白关键帧。片头画面如图 3-16 所示。

图3-16　片头画面

5. 第1个画面的动画制作

第 1 个画面的动画场景是将照片纵向分成 4 块，然后从上下向中间延伸。

（1）在"标题"图层上新建一个图层，并命名为"图 1"。在该图层的第 50 帧处按 F6 键插入关键帧。将图片素材"photo-h01.jpg"从"库"面板中拖动到舞台上，在"属性"面板中将坐标调整为（0，0），使图片与舞台原点对齐。

（2）选中场景中的图片，按 F8 键，打开"转换元件"对话框，设置"名称"为"tu1"，"类型"为"图形"，文件夹为现有文件夹"图形"，如图 3-17 所示。

图3-17 转换元件

画面1，2

（3）选中场景中的"tu1"图形元件，按 F8 键，将其转换为影片剪辑元件，名称设为"图 1"，放入"影片剪辑"文件夹中。双击"图 1"影片剪辑元件，进入其编辑状态。

（4）选择"图层 1"的第 130 帧，按 F5 键插入普通帧（将所有画面的播放时间统一设为 130 帧，动画时间设为 70 帧）。点击"视图"菜单，再选择"标尺"，显示标尺，从左侧标尺拖出 5 条辅助线，将图片垂直分为 4 份，从上面的标尺中拖出 2 条辅助线，确定场景的顶部和底部。

技巧：通过双击辅助线，可以打开"移动辅助线"对话框，通过设置相关数值，可以精确确定辅助线的位置。

（5）新建"图层 2"，选择"矩形工具" ，笔触设为"无"，填充颜色选择"蓝色"，紧贴辅助线，在图 3-18 标注的"1"和"3"中画矩形，如图 3-19 所示。

图3-18 辅助线

图3-19 绘制矩形

(6) 在"图层2"的第70帧处按F6键插入关键帧。选择第1帧,再选择"任意变形工具" (或者按下Q键切换到"任意变形工具"),将绘制的矩形向上进行缩小,高度大约1个像素,如图3-20所示。

(7) 选择第1帧至第70帧中的任意一帧,右击,在弹出的快捷菜单中选择"创建补间形状",效果如图3-21所示。

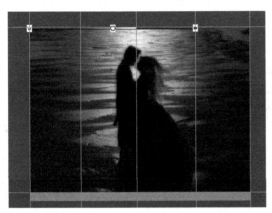
图3-20 缩小矩形

图3-21 创建补间形状动画

(8) 在"图层2"上右击,在弹出的快捷菜单中选择"遮罩层"。效果如图3-22所示。

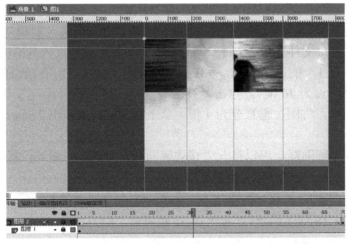
图3-22 创建遮罩层后的效果

(9) 在"图层2"上新建一层"图层3",将"图层1"的第1帧复制到"图层3"的第1帧处。在"图层3"上新建一层"图层4",选择"矩形工具" ,笔触设为"无",填充颜色选择"蓝色",紧贴辅助线,在图3-18标注的"2"和"4"中画矩形。

(10) 在"图层4"的第70帧处按F6键插入关键帧。选择第1帧,选择"任意变形工具",将绘制的矩形向下进行缩小,高度大约1个像素。选择第1帧至第70帧中的任意一帧,右击,在弹出的快捷菜单中选择"创建补间形状"。在"图层4"上右击,在弹出的快捷菜单中选择"遮罩层"。效果如图3-23所示。到此第1个画面的动画制作完毕。

项目3 制作音乐MV

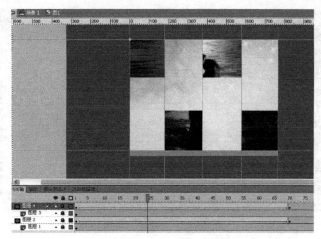

图3-23 第1个画面的动画效果

（11）回到主场景，选择"图1"图层的第181帧，按F7键插入空白关键帧。

6. 第2个画面的动画制作

第2个画面是让照片具有水平百叶窗的效果。

（1）在"图1"图层上新建一个图层，并命名为"图2"。在该图层第181帧处按F6键插入关键帧。将图片素材"photo-h05.jpg"从"库"面板中拖动到舞台上，在"属性"面板中将坐标调整为（0，0），使图片与舞台原点对齐。

（2）选中场景中的图片，按F8键，打开"转换元件"对话框，设置"名称"为"tu2"，"类型"为"图形"，存入现有文件夹"图形"中。

（3）选中场景中的"tu2"图形元件，按F8键，将其转换为影片剪辑元件，名称设为"图2"，存入"影片剪辑"文件夹中。双击"图2"，进入其编辑状态。

（4）选择"图层1"的第130帧，按F5键插入普通帧。

（5）在"图层1"上面新建一个"图层2"。选择"矩形工具"，笔触设为"无"，填充颜色选为"#FFCCFF"，在"图层2"上画一个长矩形，大小为768px×24px。选中该矩形，按F8键将其转换为名为"长条"的图形元件，存入现有文件夹"图形"中。选中该图形元件，按F8键将其转换为名为"横条"的影片剪辑元件，存入"影片剪辑"文件夹中。

（6）双击"横条"影片剪辑元件，进入影片剪辑编辑状态。选择第130帧，按F5键插入普通帧。选择第70帧，按F6键插入关键帧。选择第1帧，利用"任意变形工具"，将矩形条向上缩小约1个像素。选择第1帧至第70帧中的任意一帧，右击，在弹出的快捷菜单中选择"创建传统补间"。

（7）回到"图2"影片剪辑元件，选中"横条"，按F8键将其转换为"横栅条"影片剪辑元件，并放入"影片剪辑"文件夹中。双击"横栅条"，进入影片剪辑编辑状态。选中其中的"横条"，按Ctrl+D键复制约30个横条，使之能垂直铺满场景。按Ctrl+A键选中"横栅条"的所有"横条"，打开"对齐"面板，选择"左对齐"和"垂直居中分布"，调整位置，如图3-24所示。

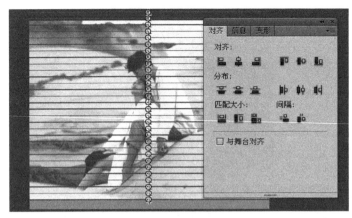

图3-24 "对齐"面板

（8）选择"横栅条"影片剪辑中"图层1"的第130帧，按F5键插入普通帧。

（9）回到"图2"影片剪辑。在"图层2"上右击，在弹出的快捷菜单中选择"遮罩层"。效果如图3-25所示。到此第2个画面的动画制作完毕。

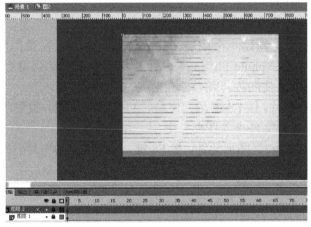

图3-25 第2个画面的动画效果

（10）回到主场景，在"图2"图层的第311帧处按F7键插入空白关键帧。

7．第3个画面的动画制作

第3个画面的动画场景是让照片从中间向四周圆形展开。

（1）在"图2"图层上新建一个图层，并命名为"图3"。在该图层的第311帧处按F6键插入关键帧。将图片素材"photo-h02.jpg"从"库"面板中拖动到舞台上，在"属性"面板中将坐标调整为（0,0），使图片与舞台原点对齐。

（2）选中场景中的图片，按F8键，打开"转换元件"对话框，设置"名称"为"tu3"，"类型"为"图形"，存入现有文件夹"图形"中。

（3）选中场景中的"tu3"图形元件，按F8键，将其转换为影片剪辑元件，"名称"设为"图3"，存入"影片剪辑"文件夹中。双击"图3"，进入其编辑状态。

（4）选择"图层1"的第130帧，按F5键插入普通帧。

(5) 新建"图层 2"。选择"椭圆工具",笔触设为"无",填充颜色选为"#CC66CC",在"图层 2"上画一个圆形,调整其大小,使之覆盖整个场景。选择第 70 帧,按 F6 键插入关键帧。回到第 1 帧,选择"任意变形工具",将圆形缩小到场景的中心,大小为 10px×10px。选择第 1 帧至第 70 帧中的任意一帧,右击,在弹出的快捷菜单中选择"创建补间形状"。

(6) 在"图层 2"上右击,在弹出的快捷菜单中选择"遮罩层"。效果如图 3-26 所示。到此第 3 个画面的动画制作完毕。

画面3,4,5

图3-26 第3个画面的动画效果

(7) 回到主场景,在"图 3"图层的第 441 帧处按 F7 键插入空白关键帧。

8. 第4个画面的动画制作

第 4 个画面的动画场景是让照片从左上角旋转放大后再飞入到舞台中间,最后放大到舞台大小。

(1) 在"图 3"图层上新建一个图层,命名为"图 4"。在该图层的第 441 帧处按 F6 插入关键帧。将图片素材"photo-h11.jpg"从"库"面板中拖动到舞台上,在"属性"面板中将坐标调整为(0,0),使图片与舞台原点对齐。

(2) 选中场景中的图片,按 F8 键,打开"转换元件"对话框,设置"名称"为"tu4","类型"为"图形",存入现有文件夹"图形"中。

(3) 选择"图层 1"的第 130 帧,按 F5 键插入普通帧。

(4) 分别选择第 44 帧和第 70 帧,按 F6 键插入关键帧。回到第 1 帧,选择"任意变形工具",将"tu4"缩小,大小约为 26px×20px,并将其移动到场景外的左上角,如图 3-27 所示。

(5) 选择第 44 帧,选择"任意变形工具",按 Shift 键将"tu4"缩小,大小约为 262px×228px,如图 3-28 所示。

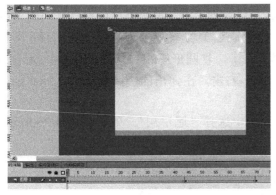

图3-27　场景左上角　　　　　　　图3-28　场景中

（6）分别在第 1 帧至第 44 帧，第 44 帧至第 70 帧之间任意选择 1 帧，右击，在弹出的快捷菜单中选择"创建传统补间"。然后选择第 1 帧至第 44 帧之间任意 1 帧，打开"属性"面板，在"补间"的"旋转"处设置为"顺时针"，数量为"3"，如图 3-29 所示。到此第 4 个画面的动画制作完毕。

图3-29　补间属性

（7）回到主场景，在"图 4"图层的第 571 帧处按 F7 键插入空白关键帧。

9. 第5个画面的动画制作

第 5 个画面是让摄像机镜头具有上下摇曳的效果。

（1）在"图 4"图层上新建一个图层，并命名为"图 5"。在该图层的第 571 帧处按 F6 键插入关键帧。将图片素材"photo-h03.jpg"从"库"面板中拖动到舞台上，在"属性"面板中将坐标调整为（0，0），使图片与舞台原点对齐。

（2）选中场景中的图片，按 F8 键，打开"转换元件"对话框，设置"名称"为"tu5"，"类型"为"图形"，存入现有文件夹"图形"中。

（3）选中场景中的"tu5"图形元件，按 F8 键，将其转换为影片剪辑元件，名称为"图 5"，存入"影片剪辑"文件夹中。双击"图 5"，进入其编辑状态。

（4）选择"图层1"的第25帧，按F6键插入关键帧，选择工具栏中的"任意变形工具" ，对舞台中的图片进行放大并旋转，如图3-30所示。选中第1帧，右击，在弹出的快捷菜单中选择"复制帧"。选中第53帧，右击，在弹出的快捷菜单中选择"粘贴帧"。采用同样的方法，将第25帧复制到第79帧中，再将第1帧复制到第105帧中。然后分别在第1帧至第25帧，第25帧至第53帧，第53帧至第79帧，第79帧至第105帧之间任意选择1帧，右击，在弹出的快捷菜单中选择"创建传统补间"，让照片具有上下晃动的效果。然后选择第130帧，按F5键插入普通帧，延续动画时间。

图3-30 旋转图片

（5）为了让照片晃动的效果只显示在舞台区，我们需要制作一个遮罩。新建"图层2"，选择"矩形工具" ，笔触设为"无"，填充颜色选为"#FFCCFF"，在"图层2"上画一个矩形，调整其大小和位置，使之与舞台的大小和位置一致。在"图层2"上右击，在弹出的快捷菜单中选择"遮罩层"。到此第5个画面的动画制作完毕。

（6）回到主场景，在"图5"图层的第701帧处按F7键插入空白关键帧。

10. 第6个画面的动画制作

第6个画面的动画场景是将照片水平分成3块，然后从左右向中间延伸。

（1）在"图5"图层上新建一个图层，并命名为"图6"。在该图层的第701帧处按F6键插入关键帧。将图片素材"photo-h06.jpg"从"库"面板中拖动到舞台上，在"属性"面板中将坐标调整为（0，0），使图片与舞台原点对齐。

（2）选中场景中的图片，按F8键，打开"转换元件"对话框，设置"名称"为"tu6"，"类型"为"图形"，存入现有文件夹"图形"中。

（3）选中场景中的"tu6"图形元件，按F8键，将其转换为影片剪辑元件，"名称"设为"图6"，存入"影片剪辑"文件夹中。双击"图6"，进入其编辑状态。

（4）第6个画面的动画效果与第1个画面相似，只是变成了水平方向的动画，可以参照第1个画面的动画制作方法来完成，在此不再赘述。效果如图3-31所示。

画面6~

图3-31 第6个画面的动画效果

（5）回到主场景，在"图6"图层的第831帧处按F7键插入空白关键帧。

11. 第7个画面的动画制作

第7个画面的动画场景是照片从中间向上下展开。

（1）在"图6"图层上新建一个图层，并命名为"图7"。在该图层的第831帧处按F6键插入关键帧。将图片素材"photo-h07.jpg"从"库"面板中拖动到舞台上，在"属性"面板中将坐标调整为（0，0），使图片与舞台原点对齐。

（2）选中场景中的图片，按F8键，打开"转换元件"对话框，设置"名称"为"tu7"，"类型"为"图形"，存入现有文件夹"图形"中。

（3）选中场景中的"tu7"图形元件，按F8键，将其转换为影片剪辑元件，"名称"设为"图7"，存入"影片剪辑"文件夹中。双击"图7"，进入其编辑状态。

（4）选择图层1的第130帧，按F5键插入普通帧。

（5）新建"图层2"，选中第1帧，选择"矩形工具"，笔触设为"无"，填充颜色设为"#FFCCFF"，在"图层2"上画一个矩形，调整其大小和位置，使之与舞台大小位置一致。选中"图层2"的第70帧，按F6键插入关键帧。选中第1帧，选择工具栏中的"任意变形工具"，按住Alt键的同时向下拖动上边中间的调节控点，将矩形上下向中间缩小至一条细线，如图3-32所示。

技巧：选择"任意变形工具"，在按住Alt键的同时拖动调节控点，可将图形相对中心点进行缩放。按住Shift键的同时拖动调节控点，可将图形按比例进行缩放。按住Ctrl键的同时拖动调节控点，可将图形变形缩放。同时按住Alt键和Shift键拖动调节控点，可将图形相对中心点进行等比例缩放。

（6）在第 1 帧至第 70 帧之间任意 1 帧上右击，在弹出的快捷菜单中选择"创建补间形状"，制作形状补间动画。

（7）在"图层 2"上右击，在弹出的快捷菜单中选择"遮罩层"。到此第 7 个画面的动画制作完毕。效果如图 3-33 所示。

图3-32　缩小图形

图3-33　第7个画面的动画效果

（8）回到主场景，在"图7"图层的第 961 帧处按 F7 键插入空白关键帧。

12. 第8个画面的动画制作

第 8 个画面是让照片具有栅格化的效果。

（1）在"图 7"图层上新建一个图层，并命名为"图 8"。在该图层第 961 帧处按 F6 键插入关键帧。将图片素材"photo-h08.jpg"从"库"面板中拖动到舞台上，在"属性"面板中将坐标调整为（0，0），使图片与舞台原点对齐。

（2）选中场景中的图片，按 F8 键，打开"转换元件"对话框，设置"名称"为"tu8"，"类型"为"图形"，存入现有文件夹"图形"中。

（3）选中场景中的"tu8"图形元件，按 F8 键，将其转换为影片剪辑元件，"名称"设为"图 8"，存入"影片剪辑"文件夹中。双击"图 8"，进入其编辑状态。

（4）选择图层 1 的第 130 帧，按 F5 键插入普通帧。

（5）制作栅格遮罩。新建"图层 2"，将"库"面板"影片剪辑"文件夹中的"横条"拖至舞台中，点击"修改"菜单下的"变形"，选择"逆时针旋转 90 度"，调整位置，按 Ctrl+D 键，复制出约 32 个竖条，按 Ctrl+A 键全选竖条，点击"对齐"面板中的"顶端对齐"，使之能水平铺满整个舞台。按 F8 键，将所有的竖条转换为影片剪辑元件，名称设为"竖栅条"，存入"影片剪辑"文件夹中。再按 F8 键，将"竖栅条"继续转换为影片剪辑元件，"名称"设为"栅格"，存入"影片剪辑"文件夹中。双击"栅格"，进入其编辑状态。

（6）将"库"面板"影片剪辑"文件夹中的"横栅条"拖至舞台，与"竖栅条"叠加成"栅格"，调整位置。

（7）回到"图 8"影片剪辑，在"图层 2"上右击，在弹出的快捷菜单中选择"遮罩层"。到此第 8 个画面的动画制作完毕。效果如图 3-34 所示。

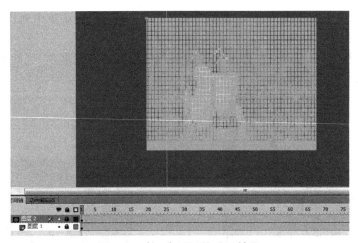

图3-34 第8个画面的动画效果

（8）回到主场景，在"图8"图层的第1091帧处按F7键插入空白关键帧。

13. 第9个画面的动画制作

第9个画面的动画场景是让照片从中间菱形展开。

（1）在"图8"图层上新建一个图层，并命名为"图9"。在该图层的第1091帧处按F6键插入关键帧。将图片素材"photo-h09.jpg"从"库"面板中拖动到舞台上，在"属性"面板中将坐标调整为（0，0），使图片与舞台原点对齐。

（2）选中场景中的图片，按F8键，打开"转换元件"对话框，设置"名称"为"tu9"，"类型"为"图形"，存入现有文件夹"图形"中。

（3）选中场景中的"tu9"图形元件，按F8键，将其转换为影片剪辑元件，"名称"设为"图9"，存入"影片剪辑"文件夹中。双击"图9"，进入其编辑状态。

动画制作方法与第3个画面圆形展开的制作方法相似，在此不再赘述。效果如图3-35所示。

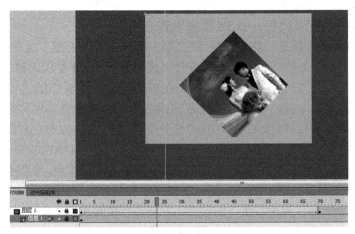

图3-35 第9个画面的动画效果

（4）回到主场景，在"图9"图层的第1221帧处按F7键插入空白关键帧。

14. 第10个画面的动画制作

第 10 个画面要求具有垂直百叶窗的效果。

（1）在"图 9"图层上新建一个图层，并命名为"图 10"。在该图层的第 1221 帧处按 F6 键插入关键帧。将图片素材"photo-h10.jpg"从"库"面板中拖动到舞台上，在"属性"面板中将坐标调整为（0，0），使图片与舞台原点对齐。

（2）选中场景中的图片，按 F8 键，打开"转换元件"对话框，设置"名称"为"tu10"，"类型"为"图形"，存入现有文件夹"图形"中。

（3）选中场景中的"tu10"图形元件，按 F8 键，将其转换为影片剪辑元件，"名称"设为"图 10"，存入"影片剪辑"文件夹中。双击"图 10"，进入其编辑状态。

垂直百叶窗的动画制作方法与水平百叶窗动画制作方法相似，在此不再赘述。效果如图 3-36 所示。

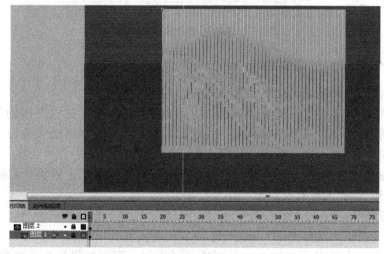

图3-36　第10个画面的动画效果

（4）回到主场景，在"图 10"图层的第 1351 帧处按 F7 键插入空白关键帧。

15. 第11个画面的动画制作

第 11 个画面的动画场景是将照片等分成 4 块，再由 4 角向中心展开。

（1）在"图 10"图层上新建一个图层，并命名为"图 11"。在该图层的第 1351 帧处按 F6 键插入关键帧。将图片素材"photo-h04.jpg"从"库"面板中拖动到舞台上，在"属性"面板中将坐标调整为（0，0），使图片与舞台原点对齐。

（2）选中场景中的图片，按 F8 键，打开"转换元件"对话框，设置"名称"为"tu11"，"类型"为"图形"，存入现有文件夹"图形"中。

（3）选中场景中的"tu11"图形元件，按 F8 键，将其转换为影片剪辑元件，"名称"设为"图 11"，存入"影片剪辑"文件夹中。双击"图 11"，进入其编辑状态。

（4）第 11 个画面的动画制作原理与第 1 个画面类似，可以参照第 1 个画面的动画制作方法来完成，在此不再赘述。效果如图 3-37 所示。

（5）回到主场景，在"图 11"图层的第 1481 帧处按 F7 键插入空白关键帧。

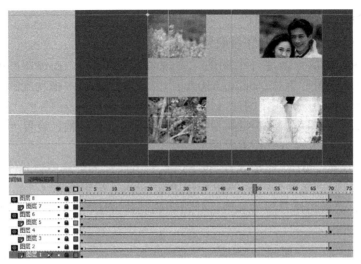

图3-37　第11个画面的动画效果

16. 第12个画面的动画制作

第12个画面的动画场景是让照片从中间向左右两边展开。

（1）在"图11"图层上新建一个图层，并命名为"图12"。在该图层的第1481帧处按F6键插入关键帧。将图片素材"photo-h12.jpg"从"库"面板中拖动到舞台上，在"属性"面板中将坐标调整为（0，0），使图片与舞台原点对齐。

（2）选中场景中的图片，按F8键，打开"转换元件"对话框，设置"名称"为"tu12"，"类型"为"图形"，存入现有文件夹"图形"中。

（3）选中场景中的"tu12"图形元件，按F8键，将其转换为影片剪辑元件，"名称"设为"图12"，存入"影片剪辑"文件夹中。双击"图12"，进入其编辑状态。

（4）第12个画面的动画与第7个画面的动画相似，可以参照第7个画面的动画制作方法来完成，在此不再赘述。效果如图3-38所示。

（5）回到主场景，在"图12"图层的第1611帧处按F7键插入空白关键帧。

图3-38　第12个画面的动画效果

17. 第13个画面的动画制作

第 13 个画面的动画场景是让照片从左下方沿曲线旋转放大进入舞台中间，然后再放大至舞台大小。

（1）在"图 12"图层上新建一个图层，并命名为"图 13"。在该图层的第 1611 帧处按 F6 键插入关键帧。将图片素材"photo-h13.jpg"从"库"面板中拖动到舞台上，在"属性"面板中将坐标调整为（0，0），使图片与舞台原点对齐。

（2）选中场景中的图片，按 F8 键，打开"转换元件"对话框，设置"名称"为"tu13"，"类型"为"图形"，存入现有文件夹"图形"中。

（3）选中场景中的"tu13"图形元件，按 F8 键，将其转换为影片剪辑元件，"名称"设为"图 13"，存入"影片剪辑"文件夹中。双击"图 13"，进入其编辑状态。

（4）选择"图层 1"的第 130 帧，按 F5 键插入普通帧。选择第 80 帧，按 F6 键插入关键帧。

（5）右击"图层 1"，在弹出的快捷菜单中选择"添加传统运动引导层"。再选择"铅笔工具"，设置铅笔模式为"平滑"，绘制如图 3-39 所示的曲线。

（6）选择"图层 1"的第 1 帧，将"tu13"图形元件缩小，移动并吸附到曲线的起点。选择"图层 1"的第 45 帧，按 F6 键插入关键帧，将"tu13"图形元件稍微放大，移动并吸附到曲线的终点，如图 3-40、图 3-41 所示。

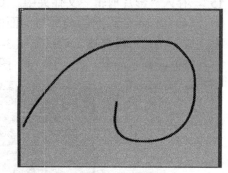

图3-39 绘制曲线

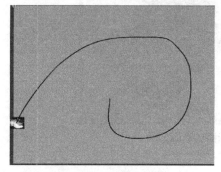

图3-40 引导线起点

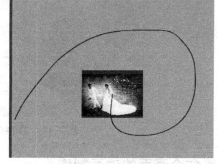

图3-41 引导线终点

（7）分别在第 1 帧至第 45 帧和第 45 帧至第 80 帧之间的任意一帧处右击，在弹出的快捷菜单中选择"创建传统补间"，制作补间动画，并在"补间"选项中设置"旋转"为"顺时针"和"2"，如图 3-42 所示。至此第 13 个画面的动画制作完成。

图3-42 第13个画面的动画效果

(8) 回到主场景，在"图 13"图层的第 1741 帧处按 F7 键插入空白关键帧。

18. 第14个画面的动画制作

第 14 个画面的动画场景是将照片分成 4 块后，然后从各自的中心向四周展开。

（1）在"图 13"图层上新建一个图层，并命名为"图 14"。在该图层的第 1741 帧处按 F6 键插入关键帧。将图片素材"photo-h14.jpg"从"库"面板中拖动到舞台上，在"属性"面板中将坐标调整为（0，0），使图片与舞台原点对齐。

（2）选中场景中的图片，按 F8 键，打开"转换元件"对话框，设置"名称"为"tu15"，"类型"为"图形"，存入现有文件夹"图形"中。

（3）选中场景中的"tu15"图形元件，按 F8 键，将其转换为影片剪辑元件，"名称"设为"图 15"，存入"影片剪辑"文件夹中。双击"图 13"，进入其编辑状态。

（4）第 14 个画面的动画与前面的动画原理相似，可以参照第 1 个画面的动画制作方法来完成，在此不再赘述。效果如图 3-43 所示。

（5）回到主场景，在"图 14"图层的第 1871 帧处按 F7 键插入空白关键帧。

图3-43　第14个画面的动画效果

19. 第15个画面的动画制作

第 15 个画面的动画场景是让照片从左上角旋转放大飞入至舞台中间，然后缓慢右移至舞台的右侧。

（1）在"图 14"图层上新建一个图层，并命名为"图 15"。在该图层的第 1871 帧处按 F6 键插入关键帧。将图片素材"photo-s01.jpg"从"库"面板中拖动到舞台上，在"属性"面板中将坐标调整为（0，0），使图片与舞台原点对齐。

（2）选中场景中的图片，按 Ctrl+B 键（或者选择"修改"菜单下的"分离"选项），分离图片。选择工具栏中的"套索工具" ，设置为"魔术棒"模式，选择图片两侧的白色背景，按 Delete 键删除，如图 3-44 所示。选择照片，按 F8 键，打开"转换元件"对话框，设置"名称"为"tu14"，"类型"为"图形"，存入现有文件夹"图形"中。双击打开"tu14"图形元件，将没有删除干净的部分进行修整。

图3-44 编辑位图

（3）选中场景中的"tu14"图形元件，按 F8 键，将其转换为影片剪辑元件，"名称"设为"图14"，存入"影片剪辑"文件夹中。双击"图 14"，进入其编辑状态。

（4）选择图层 1 的第 40 帧，按 F6 键插入关键帧。选择第 1 帧，将"tu14"元件缩小并移至舞台左上角的外面。选择第 1 帧至第 40 帧的任意一帧，右击，在弹出的快捷菜单中选择"创建传统补间"，在"补间"选项中设置旋转为"顺时针"和"2"。

（5）选择第 80 帧，按 F6 键插入关键帧，将"tu14"元件平移至舞台的右侧。选择第 40 帧至第 80 帧的任意一帧，右击，在弹出的快捷菜单中选择"创建传统补间"。选择第 300 帧，按 F5 键插入普通帧。

（6）新建图层 2，选择第 80 帧，按 F6 键插入关键帧，右击，在弹出的快捷菜单中选择"动作"，输入"stop();"，如图 3-45 所示。至此第 15 个画面的动画制作完成。

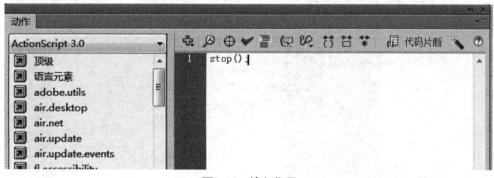

图3-45 输入代码

20. "天长地久"文字动画的制作

（1）在"图 15"图层上新建一个图层，并命名为"天长地久"。在该图层的第 1951 帧处按 F6 键插入关键帧。

（2）选择"文本工具" T ，再设置文本属性。选择"垂直文本"，字体设置为"方正康体简体"，大小为"78"，颜色为"#FF0000"，如图 3-46 所示。在舞台的左侧输入"天长地久"，选择输入的文字,按F8键,打开"转换元件"对话框,设置"名称"为"天长地久","类型"为"影片剪辑",存入现有文件夹"影片剪辑"中,双击,打开"天长地久"影片剪辑元件,进入编辑状态。

(3)选择文字,按Ctrl+B键,分离为单个文字。选择图层1的第200帧,按F5键插入普通帧。

(4)制作心形环绕动画。新建图层2,选择"钢笔工具" ,绘制一颗小的心形,填充为红色。将该心形转换为影片剪辑元件"心形",存入"库"面板的"影片剪辑"文件夹中,双击,打开"心形"影片剪辑元件,进入编辑状态。利用逐帧动画的原理,制作心形闪烁的效果。图3-47、图3-48分别为第1帧、第3帧的效果,第5帧、第9帧的效果同第1帧,第7帧的效果同第3帧。

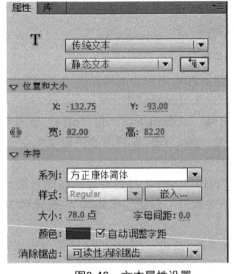
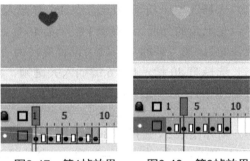

图3-46　文本属性设置　　图3-47　第1帧效果　　图3-48　第3帧效果

(5)回到"天长地久"影片剪辑,利用引导线制作心形环绕动画,如图3-49所示。

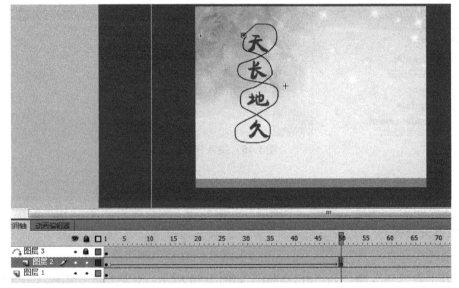

图3-49　心形环绕动画

21. 心形环绕文字效果

（1）在"天长地久"图层上新建一个图层，并命名为"心形"，在该图层的第 2085 帧处按 F6 键插入关键帧。

（2）将"库"面板中的"心形"影片剪辑元件拖入到舞台中，按 Ctrl+D 键复制出多个，在舞台中环绕文字摆出心形的效果，如图 3-50 所示。

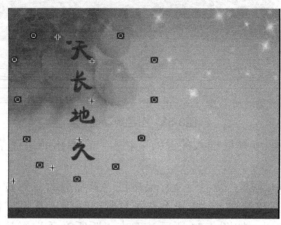

图3-50　心形环绕文字效果

22. 制作歌词

（1）在"音乐"图层上新建一个图层，并命名为"歌词"，在该图层的第 69 帧处按 F6 键插入关键帧。

（2）选择"文本工具" ，设置文字的字体为"方正康体简体"，大小为"30"，将其颜色为白色。在舞台下方输入第 1 句歌词"背靠着背坐在地毯上"，如图 3-51 所示。选择输入的文字，按 F8 键将其转换为影片剪辑元件"背靠着背"，存入"库"面板中的"歌词"文件夹中。双击该影片剪辑，进入编辑状态。

图3-51　输入歌词文字

（3）在图层 1 的第 90 帧处按 F5 键插入普通帧。

（4）新建图层 2，制作文字遮罩。选择"矩形工具" ，笔触设置为"无"，填充颜色设置为"红色"，绘制一个能够完全覆盖歌词的矩形。在第 90 帧处插入关键帧。回到第 1 帧，选择"任意变形工具" 调整矩形，将矩形变窄，如图 3-52 所示。右击第 1 帧至第 90 帧之间的任一帧，在弹出的快捷菜单中选择"创建补间形状"，制作形状补间动画。右击"图层 2"，在弹出的快捷菜单中选择"遮罩层"。

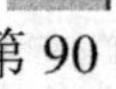

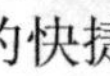

图3-52　调整矩形

技巧：其他歌词的效果可以利用复制元件进行制作。为了减少工作量，我们可以将遮罩层的矩形绘制得尽量长一些，让它能够遮住最长的一句歌词。

（5）在图层2上新建两个图层，并利用引导线制作心形随文字出现的动画，如图3-53所示。

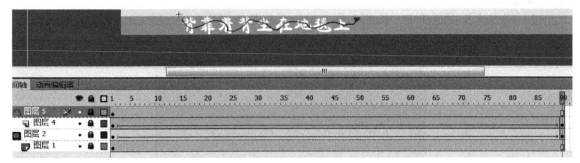

图3-53 引导线动画

（6）新建图层，在第90帧处插入关键帧，右击，在弹出的快捷菜单中选择"动作"，输入"stop();"。

（7）在"库"面板中选择"歌词"文件夹中的"背靠着背"影片剪辑元件，右击，在弹出的快捷菜单中选择"直接复制"，打开"直接复制元件"对话框。修改"名称"为"听听音乐"，点击"确定"按钮，如图3-54所示。双击"听听音乐"影片剪辑元件，进入其编辑状态，修改"图层1"的文字为歌曲的第2句歌词，调整心形引导线动画，制作第2句歌词的动画效果。

图3-54 "直接复制元件"对话框

（8）同样的方法制作出其他歌词的动画效果。注意重复的歌词无须重复制作。

（9）分别在第172、290、377、536、640、756、849、1005、1104、1207、1309、1420、1528、1630、1733帧处插入关键帧，利用交换元件替换歌词，如图3-55所示。

图3-55 交换元件

23. 测试影片及发布

（1）新建 "as" 图层，在最后一帧处插入关键帧，右击，在弹出的快捷菜单中选择 "动作"，输入 "stop();"。

（2）点击 "控制" 菜单，选择 "测试影片" 选项下的 "测试"（或按 Ctrl+Enter 键），测试影片的动画效果。

（3）点击 "文件" 菜单下的 "保存" 选项，将影片进行保存。点击 "文件" 菜单，选择 "导出" 选项下的 "导出影片"，将导出 swf 格式的影片。

技巧：在整个影片的最后一帧处添加 "stop();" 脚本，可以使影片只播放 1 遍，不重复播放。

（4）按 Ctrl+Enter 键测试整个影片文件，并在 fla 文件的同一目录下生成同名的 swf 文件，相当于导出整个影片。

（5）当影片文件有多个场景时，按 Ctrl+Alt+Enter 键测试当前场景，并在 fla 文件的同一目录下生成场景的 swf 文件。

3.3 知识点拓展

3.3.1 音乐的准备与处理

在 Flash 中控制音频的主要方法有：让声音独立于时间轴循环播放、为动画配音乐、为按钮添加某种声音、设置声音渐入渐出等效果、通过动作控制音效的回放。

音乐的准备与处理工作主要包括音乐文件的选取、音乐格式转换、音频文件的剪辑等。

1. 音乐文件的选取

Flash 中不能自己创建或录制声音，动画中所使用的声音素材都要从外部以文件的形式导入到 Flash 中。可以直接导入 Flash 的声音文件格式主要包括 WAV 和 MP3 两种。如果系统上安装了 QuickTime 4 或更高版本，则还可以导入 AIFF 格式和只有声音的 QuickTime 影片格式。

导入音乐文件时经常会出现如图 3-56 所示的错误提示，这是因为 MP3 文件和 WAV 文件有多种格式，而 Flash 只支持其中的某些标准格式。这时，我们可以借助第三方软件将其转换即可，如 GoldWave、Cool Edit、Sound Forge 等。Flash 支持标准的 PCM WAV 格式和标准的 MP3 格式（CBR 恒定码率，一般选择 128kbps，不要超过 128kbps，不要低于 64kbps）。

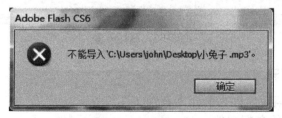

图3-56　错误提示

音乐

2. 音乐格式转换

这里以 GoldWave 音频编辑软件为例。打开 GoldWave 软件,再打开需要转换的音频文件,如图 3-57 所示。点击"文件"菜单下的"另存为"选项,进行如图 3-58 所示的设置,然后点击"保存"按钮即可。

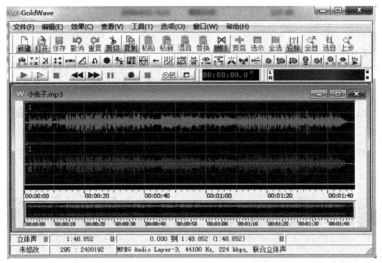

图3-57　GoldWave软件

图3-58　属性设置

3. 音频文件的剪辑

以 GoldWave 音频编辑软件为例介绍音频文件的剪辑。

(1) 打开需要裁剪的音频文件。

(2) 设置开始、结束标记。用鼠标点击面板上的"播放"按钮 ▶ ,音乐开始播放。当音乐播放到裁剪的起始位置时，点击"暂停"按钮 ，音乐即停止播放，此时"播放头"的位置正是裁剪的起始位置，在此处点击鼠标左键，设置开始标记（或者右击，在弹出的快捷菜单中选择"设置开始标记"）。

确定好裁剪的起始位置后，点击"播放"按钮，继续播放音乐。当音乐播放到裁剪的结束位置时，点击"暂停"按钮，音乐停止播放，此时"播放头"的位置正是裁剪的结束位置，在此处右击，在弹出的快捷菜单中选择"设置结束标记"。此时，起始位置和结束位置之间的音乐段呈高亮显示，即为选定的部分，如图3-59所示。

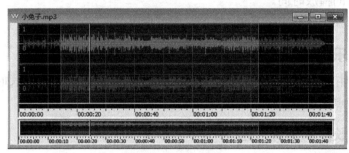

图3-59　裁剪音乐

技巧：为了精确地裁剪音乐，可以反复地通过点击"播放"按钮和"暂停"按钮来进行试听，或者记录编辑窗口下方的时间，反复进行调整，直到满意为止。在开始和结束标志线上，拖动光标也可以改变音乐的起始和结束位置。

（3）选定好音乐段后，点击工具面板上的"剪裁"按钮，可将裁剪部分独立出来。点击"文件"菜单下的"另存为"选项，在打开的对话框中输入保存的路径和名称，选择需要的"保存类型"，点击"保存"按钮，就会产生一个符合所需内容和格式的声音文件了。

技巧：也可以在选定好音乐段后，点击"文件"菜单下的"保存选定部分为"选项，进行保存。

3.3.2　声音属性设置

在Flash时间轴面板上，选择一个已经包含声音的帧，打开声音"属性"面板进行设置，如图3-60所示。

在"效果"下拉列表中选择声音播放效果，也可点击"编辑"按钮，自己设置声音效果。

在"同步"下拉菜单中选择需要的选项有以下几个。

● 事件：声音的播放和事件的发生同步。声音在它的起始关键帧开始播放，并不受时间轴的控制，即使影片播放完毕，声音也继续播放，直到此声音文件播放完毕为止。采用该方式的声音文件必须完全下载后才能够播放。该方式的声音文件最好短小，常用于制作按钮声音或各种音效。

图3-60　声音"属性"面板

● 开始：与"事件"选项的功能相似，所不同的是，如果声音正在播放，使用此选项则不会播放新的声音。

- 停止：停止播放指定的声音。
- 数据流：声音和时间轴保持同步，主要用于制作背景音乐或MV。声音文件可以一边下载一边播放，当影片播放完毕，声音也随之终止。

选择播放次数，其有两个选项。
- 选择"重复"选项：需要输入一个值，以指定声音重复播放的次数。
- 选择"循环"选项：连续重复播放声音。

技巧：（1）声音在到达时间轴的终点就会停止播放，可以通过在"声音"图层中加入更多的帧来延长声音的播放时间。

（2）在编辑过程中按 Enter 键可以测试声音。

3.3.3 音乐与歌词的同步

为了让音乐和相应的歌词同时出现，就需要知道音乐播放到底有多长时间，需要占用多少帧，并且还要知道哪一帧出现了相应的歌词。

1. 查看音乐长度的两种方法

（1）选中"婚礼音乐MV"案例中"音乐"图层上的最后一帧，"时间轴"上就会显示音乐的总帧数和时间。

（2）选中"婚礼音乐MV"案例中"音乐"图层，点击"属性"面板上的"编辑"按钮，打开"编辑封套"对话框，如图3-61所示。点击最右边的"帧"按钮，可以让音乐以帧显示。拖动滚动条到音乐结束处，就可以看到音乐所占的总帧数。如果点击"秒"按钮，则可以查看音乐的总时间长度。

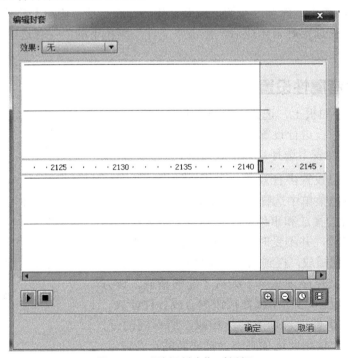

图3-61 "编辑封套"对话框

2. 如何让音乐与歌词同时出现

（1）制作歌词元件。一般把每句歌词做成一个元件放入库中。

（2）建立3个图层。"音乐"图层用于放置音乐文件。在"音乐"层上新建"歌词"图层用于放置歌词。再新建一图层"歌词标记"用来记录歌词出现的位置，如图3-62所示。

图3-62 歌词应用示例

（3）把"播放头"调整到"歌词标记"图层的第1帧，按Enter键，音乐开始播放，当听到某句歌词出现时，马上按Enter键，则暂停播放音乐，在该处插入关键帧，在帧"属性"面板中，设置标签"名称"和"类型"，"名称"可以设为歌词的内容，"类型"设置为"注释"，如图3-63所示。参照上面的方法，找到每句歌词出现的帧，并给帧加上标签。

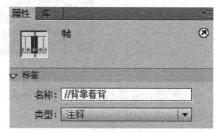

图3-63 帧标签

技巧：

①使用回车键播放和暂停来判断歌词出现的位置时，因为存在一定的延时，所以一般暂停之后的当前帧，比歌词出现的帧要晚些，因此可以把关键帧的位置稍微提前一些。另外，为了使设置准确，可以多试听几遍。

②帧"标签"属性中的"类型"包括"名称""注释""锚记"。下面介绍名称和注释。

- 名称，即帧标签的名称，可以让AS识别此帧。
- 注释，一种解释，方便文件修改。

另外，在给帧添加标签的时候要注意不能重名，否则发布的时候会出现警告提示信息。

（4）把光标移到"歌词"图层，在歌词出现的对应帧，插入关键帧，然后把库中对应的歌词元件拖到舞台上的合适位置，如图3-64所示。

后面出现新歌词的相应帧也要先插入关键帧，然后用"交换元件"替换为相应的歌词元件，可以让不同的歌词在相同的位置出现。

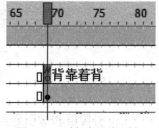

图3-64 歌词标记与歌词

3.3.4 引导线动画

1. 引导线、引导层的概念

（1）引导层：引导线必须制作在引导层中，而需要使用引导线作为运动轨迹线的物体所在层必须在引导层的下方，一个引导层可以为多个图层提供运动轨迹。同时在一个引导层中可以有多条运动轨迹，如图3-65所示。

认识引导层动画

图3-65 引导层使用举例

（2）引导线：引导线就是轨迹或辅助线。它让物体沿着引导线路径运动，运动的对象其关键帧必须完全吸附在轨迹上，即物体运动的轨迹，一般使用钢笔工具来制作，如图3-66所示。

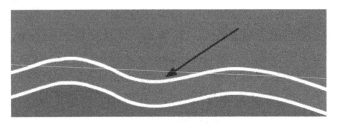

图3-66　引导线

思考：引导线的颜色和线条的粗细是否会影响引导效果呢？引导层中的线条在实际导出成SWF文件时是否可见？

2．创建引导路径动画的方法

1）创建引导层和被引导层

一个最基本"引导路径动画"由两个图层组成，上面一层是"引导层"，它的图层图标为 ；下面一层是"被引导层"，图层图标同普通图层一样。

在普通图层上点击"时间轴"面板的"添加引导层"按钮，该层的上面就会添加一个引导层，同时该普通层缩进成为"被引导层"，如图3-67所示。

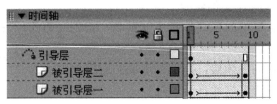

图3-67　引导层应用

2）引导层和被引导层中的对象

引导层是用来指示元件运行路径的，所以"引导层"中的内容可以是用钢笔工具、铅笔工具、线条工具、椭圆工具、矩形工具或画笔工具等绘制出的线段。而"被引导层"中的对象是跟着引导线走的，可以使用影片剪辑、图形元件、按钮、文字等，但不能应用形状。由于引导线是一种运动轨迹，不难想象，"被引导层"中最常用的动画形式是动作补间动画，当播放动画时，一个或数个元件将沿着运动路径移动。

3）向被引导层中添加元件

"引导动画"最基本的操作就是使一个运动动画"附着"在"引导线"上。所以操作时特别得注意"引导线"的两端，即被引导对象的起始、终点的两个"中心点"一定要对准"引导线"的两个端头。

3．应用引导路径动画的技巧

（1）"被引导层"中的对象在被引导运动时，还可进行更细致的设置。比如运动方向，把"属性"面板上的"路径调整"前打上钩，对象的基线就会调整到运动路径。而如果在"对齐"

前打钩，元件的注册点就会与运动路径对齐。

（2）引导层中的内容在播放时是看不见的，利用这一特点，可以单独定义一个不含"被引导层"的"引导层"，该引导层中可以放置一些文字说明、元件位置参考等，此时，引导层的图标为 。

（3）在做引导路径动画时，点击工具栏上的"对齐对象"按钮，可以使"对象附着于引导线"的操作更容易成功。

（4）过于陡峭的引导线可能会使引导动画失败，而平滑圆润的线段有利于引导动画成功制作。

（5）被引导对象的中心应对齐场景中的十字星，也有助于引导动画的成功。

（6）向"被引导层"中放入元件时，在动画开始和结束的关键帧上，一定要让元件的注册点对准线段开始和结束处的端点，否则无法引导，如果元件形状为不规则形，可以点击工具栏上的"任意变形工具"，调整注册点。

（7）如果想解除引导，可以把"被引导层"拖离"引导层"，或在图层区的"引导层"上右击，在弹出的快捷菜单上选择"属性"，在对话框中选择"正常"作为图层类型。

（8）如果想让对象做圆周运动，可以在"引导层"画个圆形线条，再用橡皮擦去一小段，使圆形线段出现两个端点，再把对象的起始、终点分别对准端点即可。

（9）引导线允许重叠，比如螺旋状引导线，但在重叠处的线段必须保持圆润，让Flash能辨认出线段的走向，否则会使引导失败。

注意：
- 引导层一旦建立完成后应将其锁定。
- 对运动对象定位时最好打开"贴紧至对象工具"，这样当吸附正确时中心点会放大。

3.3.5 遮罩动画

1. 遮罩动画的概念

1）什么是遮罩动画

遮罩动画是Flash中的一个很重要的动画类型，很多效果丰富的动画都是通过遮罩动画来完成的。在Flash的图层中有一个遮罩图层类型，为了得到特殊的显示效果，可以在遮罩层上创建一个任意形状的"视窗"，遮罩层下方的对象可以通过该"视窗"显示出来，而"视窗"之外的对象将不会显示。

2）遮罩有什么用

在Flash动画中，遮罩主要有两种用途：一个作用是用在整个场景或一个特定区域，使场景外的对象或特定区域外的对象不可见；另一个作用是用来遮罩住某一元件的一部分，从而实现一些特殊的效果。

2. 创建遮罩的方法

1）创建遮罩

在Flash中没有一个专门的按钮来创建遮罩层，遮罩层其实是由普通图层转化而来的。

你只要在某个图层上右击,在弹出的快捷菜单中选择"遮罩层",使命令的左边出现一个小钩,该图层就会变成遮罩层,"层图标"就会从普通层图标▱变为遮罩层图标▨,系统会自动把遮罩层下面的一层关联为"被遮罩层",在缩进的同时图标变为▨,如果你想关联更多的层被遮罩,只要把这些层拖到"被遮罩层"下面就行了,如图3-68所示。

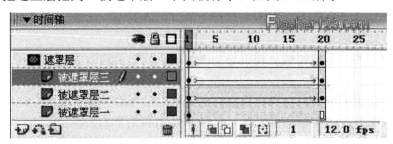

图3-68　遮罩动画实例

2)构成遮罩和被遮罩层的元素

遮罩层中的图形对象在播放时是看不到的,遮罩层中的内容可以是按钮、影片剪辑、图形、位图、文字等,但不能使用线条,如果一定要用线条,可以将线条转化为"填充"。

被遮罩层中的对象只能透过遮罩层中的对象才能被看到。在被遮罩层,可以使用按钮、影片剪辑、图形、位图、文字、线条。

3)遮罩中可以使用的动画形式

可以在遮罩层、被遮罩层中分别或同时使用形状补间动画、动作补间动画、引导线动画等动画手段,从而使遮罩层变成一个可以施展无限想象力的创作空间。

3. 应用遮罩时的技巧

遮罩层的基本原理是:能够透过该图层中的对象看到"被遮罩层"中的对象及其属性(包括它们的变形效果),但是遮罩层中对象的许多属性,如渐变色、透明度、颜色和线条样式等却是被忽略的。比如,我们不能通过遮罩层的渐变色来实现被遮罩层的渐变色变化。

(1)要在场景中显示遮罩效果,可以锁定遮罩层和被遮罩层。

(2)可以用"Actions"动作语句建立遮罩,但这种情况下只能有一个"被遮罩层",同时,不能设置"Alpha"属性。

(3)不能用一个遮罩层试图遮蔽另一个遮罩层。

(4)遮罩可以应用在GIF动画上。

(5)在制作过程中,遮罩层经常会挡住下层的元件,影响视线,无法编辑,可以点击遮罩层"时间轴"面板的"显示图层轮廓"按钮■,使之变成▢,使遮罩层只显示边框形状,这种情况下,你还可以拖动边框调整遮罩图形的外形和位置。

注意: 在被遮罩层中不能放置动态文本。

3.4　拓展练习

1. 项目任务

请根据本节的实训内容,自行设计一个 Flash MV。

2. 设计要求
- 背景、人物、道具为手绘原创。
- 歌词与音乐同步。
- 至少包括两个场景，使用按钮控制播放及回放。
- 场景美观，动画流畅，音乐节奏与动画控制配合得当。

3.5 课后习题

1. 在 Flash 中，按下下列哪个组合键即可在 Flash 界面中生成一个 SWF 文件？（　　）
   A. Ctrl+Enter　　B. Ctrl+Alt　　C. Shift+ Enter　　D. Shift +Alt
2. 在引动层动画中，下列选项可作为引导层内部对象的是（　　）。
   A. 线条图形　　B. 元件　　C. 位图　　D. 按钮
3. 下列选项中，属于"分离"命令快捷键的是（　　）。
   A. Shift+B　　B. Alt+B　　C. Ctrl+B　　D. Shift+ Alt
4. Flash 中的遮罩功能可以使指定的（　　）具有局部隐藏的效果。
   A. 时间轴　　B. 图层　　C. 场景　　D. 关键帧
5. 以下关于使用元件的优点的叙述，不正确的是（　　）。
   A. 使用元件可以使电影的编辑更加简单化
   B. 使用元件可以使发布文件的大小显著地缩减
   C. 使用元件可以使电影的播放速度加快
   D. 使用电影可以使动画更加漂亮
6. 下列选项中，属于声音的同步类型的是（　　）。（多选题）
   A. 事件　　B. 开始　　C. 停止　　D. 数据流
7. 下列选项中，属于测试动画所包含的命令的是（　　）。（多选题）
   A. 测试图形　　B. 测试　　C. 测试影片　　D. 测试场景

习题3答案

项目 4
制作网络广告

4.1 行业知识导航

现如今，打开网页你就会被满眼的广告所包围，商品和品牌营销无时无刻不包围着我们，互联网作为传媒的后起之秀，网络广告的市场占有率已经逐年提升。Flash 在互联网的应用从高端到低端提供给设计师的空间很大，即使你刚刚入门也能找到适合自己的差事。

Flash 商业互动广告是通过一定的技术，设计制作出符合互联网传播特性要求的广告，投放在互联网。Flash 商业广告具有以下特点：

（1）文件量小，符合互联网数据传输需要。

（2）动画表现打破传统静态图及简单 GIF 动画的局限，实现生动绚丽的广告视觉效果。

（3）Flash 的互动性能让广告客户通过广告与受众进行灵活的互动，加强品牌及产品的虚拟体验感受，同时通过受众行为收集有效的反馈信息。

与传统的四大传播媒体（报纸、杂志、电视、广播）广告及近年来备受垂青的户外广告相比，网络广告具有得天独厚的优势，是实施现代营销媒体战略的重要一部分。Internet 是一个全新的广告媒体，速度最快，效果也最理想，是中小企业发展壮大的很好途径，对于开展国际业务的广告公司更是如此。

目前网络广告的表现形式主要有视觉形象、视听语言和互动形式三种。

1. 视觉形象

受数据传输和技术的限制，大部分的网络广告主要集中在视觉形象的单向表达，主要通过设计者画面构图、文字编排动画设计和创意表达来传递品牌信息给受众。

2. 视听语言

视听语言是传统电视媒体所用的广告方式，在网络传输宽带不断提高和流媒体下载技术不断成熟的情况下，目前网络上这一形式的广告也有了较好的发展，但相比第一种在普及上尚有差距。比如常见的视频网站上经常使用几乎与电视媒体一样的 Flash 视频广告。

3. 互动形式

网络发展成熟后就出现了互动形式的网络广告，交互性始终是网络广告的灵魂所在。由设计者通过程序预先设计好数据交互方式，访客通过鼠标行为触发或选择填写信息完成广告的交互。这就可以从时间和空间的选择转换中让受众体验到产品的气质特点和精神内涵,并产生美的感受,真正与广告终端互动起来。

4.1.1 投身互动商业广告需要掌握的技术

投身商业互动广告需要掌握:

(1)熟练掌握 Flash,随着客户需求的不断提高,对于软件的深度挖掘也是一个优秀设计师必须挑战的。

(2)熟练掌握 Photoshop,这是成为一个美术设计师及大多数计算机工作人员的必备软件。

(3)其他矢量绘图软件,如 Illustrator、CorelDRAW 等软件。Flash 可以导入矢量图,很多时候只是将 AI 格式或者在 AI 中绘制的元素导入 Flash 中。

(4)图形视频处理软件 AfterEffects,随着网络传输带宽的提高,互联网广告形式的增多和文件量限制的放宽,Flash 和视频结合在广告中的应用将成为可能。

(5)熟练掌握 ActionScript 程序语言。

(6)熟练掌握三维软件,会一种三维软件对互动设计起到如虎添翼的作用。

4.1.2 互动商业广告的商业开发流程

互动商业广告的设计过程实际上是整合互动视觉效果、互动方式和互动技术三个模块的过程。

(1)接到客户需求后,首先要对产品信息进行整理,诸如产品设计图、新卖点文案及客户的 VI 标准等,并且要对竞品做相应的分析,以免在表现内容或形式上与竞品混淆或雷同。

(2)构思广告的表现分帧画面,给出创意的分帧示意图及文字上对动态、过渡方式和创意点的描述。如有必要在这个阶段用分帧示意图与客户进行确认沟通。

(3)美术创意阶段,包括广告元素的导入处理、矢量化绘制及动画的架构和动画效果的表现,这一阶段的工作量占据整个开发的 80%,决定了广告的视觉效果。

(4)广告的程序测试,如果广告包含了互动程序,就要反复测试,以保证没有错误,诸如不能点击或者点击一次正确、再循环就失效等问题。如果广告不包括互动程序,也要测试广告的发布版本、链接指向和检测代码是否正确。有时候这一测试流程由各自广告投放媒体配合完成。

(5)广告发布后对浏览数据的检测,这将决定一个广告最终效果。成败的重要依据就是用户的关注度,即点击量。一个绚丽的广告,如果没有好的点击量那肯定是哪个环节出了问题。如果有必要,可以修正广告信息或者直接考虑更换创意,毕竟广告的目的就是要吸引更多的关注。

(6)广告投放总结。有必要对最终的数据做一个全方位的分析、总结怎样的形式和投放时间是受众更喜欢的。即便不需要广告设计师给出相应的报告,总结也是相当有必要的。

4.2 "北汽品牌-时尚"网络广告的制作

4.2.1 创意解析

"北汽品牌-时尚"网络广告由如图4-1所示的7个画面组成。

动画效果

图4-1 网络广告构成画面

1. 背景分析

互联网在营销传播上可以依据数据记录优势实现广告的定向呈现,从而更准确地把广告的诉求推送给最合适的人。那么对于北汽品牌而言,可以把受众大致划分为怀旧人群、回潮人群和硬派人群三类。这次我们主要侧重回潮人群,即历史品牌与时尚的切合,来制作"北汽品牌-时尚"网络广告。

2. 创意计划

年轻的时尚派是一个很复杂的群体,就每个个体来说,可能爱好广泛,紧张的工作之余会选择各种社会活动放松神经;就群体来说更不好简单地来定义。所以无论是在广告呈现的题材内容,还是节奏转场上,都以丰富为表现目标。城市、户外远足、滑雪、攀岩、骑行、

项目4 制作网络广告

音乐、DJ、极限、健身房乃至跑酷，广告中应尽量用有限的时间将这些年轻人普遍接受的娱乐生活方式呈现出来。

形式上应选用瞬间精彩照片和照片动态化的呈现思路，镜头转场为时尚、动感的色彩流溢方式。

以活泼飘逸的色彩流动为贯穿形式，表现时尚潮流青年潇洒的生活轨迹。追求时尚的他们对生活充满热爱和追求，是一群懂得活在当下、享受分分秒秒、无时无刻不精彩的年轻派。北汽这个古感的品牌如今也可以让追求时尚的你既感受动感魅力，又体味复古的情感。

4.2.2 网络广告的制作

1. 素材导入

（1）新建文件，设置"文档属性"，宽 330px，高 290px，帧频为 30fps，背景颜色默认白色，类型为"ActionScript 3.0"，保存为"北汽品牌 - 时尚"，如图 4-2 所示。

图4-2 新建文档

（2）导入图片素材。点击"文件"菜单，选择"导入"选项下的"导入到库"，将"素材"文件夹中的图片素材进行导入。导入".psd"文件时，弹出如图 4-3 所示的对话框，勾选需要导入的图层，点击"确定"按钮。

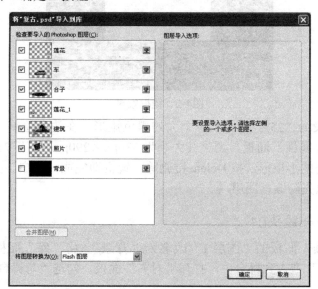

镜头01制作

图4-3 图片素材导入

（3）导入视频素材。点击"文件"菜单，选择"导入"选项下的"导入视频"，弹出如图4-4所示的对话框，选择"在SWF中嵌入FLV并在时间轴中播放"，再点击"浏览"按钮，选择视频文件路径。点击"下一步"按钮，按照向导完成视频文件的导入。

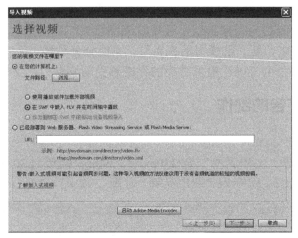

图4-4　视频素材导入

（4）整理库面板中导入的素材。点击"库"面板下方的"新建文件夹"按钮，新建文件夹，并命名为"图片素材"，将"库"面板中的素材文件拖入到该文件夹中。

2. 制作镜框

镜框的作用是"遮丑"，将舞台外的对象隐藏起来。效果如图4-5所示。

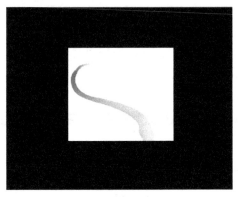

图4-5　镜框效果

先将舞台比例设为"25%"，绘制一个大的黑色矩形。在边上绘制一个小的矩形，填充为其他颜色，利用"属性"面板，调整其大小为330px×290px，坐标为（0，0）。这样两个矩形重叠，选择中间的小矩形，按Delete键删除，镜框即完成，锁定该图层。为了后面的制作方便，我们也可以先隐藏该图层。

3. 动画制作——镜头01

（1）将"时间轴"面板的"图层1"改名为"背景"，将"库"面板"图片素材"文件夹中的"01.bmp"图片拖入到舞台中，打开"对齐"面板，勾选"与舞台对齐"，再选中"水平居中""垂直居中"。

（2）选中舞台中的图片，按 F8 键，将其转换为名为"背景"的影片剪辑元件。再按 F8 键，转换为"镜头 01 背景"影片剪辑元件，双击"镜头 01 背景"影片剪辑元件，进入其编辑状态。

（3）将"镜头 01 背景"影片剪辑元件的"图层 1"更名为"背景"，在第 50 帧处插入关键帧。回到第 1 帧，选择"任意变形工具"，按住 Shift 键，适当缩小"背景"元件。

（4）选择第 1 帧至第 50 帧之间的任意一帧，右击，在弹出的快捷菜单中选择"创建传统补间"，在"补间属性"面板中勾选"贴紧""同步""缩放"（接下来步骤中创建的补间动画均需勾选这三项）。在第 75 帧按下 F5 键，延续时间。

（5）在"背景"图层上新建"图层 2"，在第 75 帧处插入关键帧，如图 4-6 所示，右击，在弹出的快捷菜单中选择"动作"，在"动作"面板中输入"stop();"。

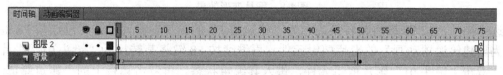

图4-6 "镜头01背景"元件

（6）回到主场景，在"背景"图层的第 555 帧处按 F5 键插入普通帧。新建一层，并命名为"镜头 01"。

（7）在"镜头 01"图层的第 2 帧，按 F6 键插入关键帧。

（8）制作"镜头 01"影片剪辑。

"镜头 01"的效果如图 4-7 所示。将"镜头 01"中的各元素按照从底层往上层的排列顺序分别制作成动画。动画主要用到遮罩动画和传统补间动画，通过设置元件的位置、大小、色彩效果等的变化来实现。我们在制作的时候要注意各元素出现的时间点。

图4-7 "镜头01"的效果

先制作"镜头 01"影片剪辑的第 1 层效果。由于该影片剪辑中包含了多个对象的动画效果，我们需要在里面嵌套多个影片剪辑元件，为了在创建影片剪辑元件的时候，能够清楚地看到背景，清楚地知道对象所处的位置等，我们需要先弄清楚各影片剪辑元件的嵌套关系，例如在第一层效果中，嵌套了一个建筑物的遮罩动画。然后利用"转换元件"来创建新元件。具体操作步骤如下：

将"库"面板"图片素材"文件夹中的"001.png"图片拖入到舞台中,选择"任意变形工具" ,按住 Shift 键,适当放大图片,如图 4-8 所示。

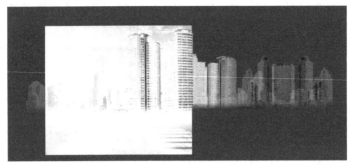

图4-8 图片变形效果

选中图片,按 F8 键将其转换为名为"建筑物 1"的影片剪辑元件,再继续按 F8 键将其转换为"建筑遮罩动画"的影片剪辑元件,再继续按 F8 键将其转换为"镜头 01"影片剪辑元件。双击"镜头 01"影片剪辑元件,进入其编辑状态。再双击舞台上的"建筑遮罩动画"影片剪辑元件,进入其编辑状态。

(9)选中"图层 1"中的"建筑物 1"实例。打开"属性"面板,将实例名称改为"m1",如图 4-9 所示。

图4-9 定义实例名称

新建一个图层"遮罩",绘制一个矩形,填充设置为"线性渐变填充",如图 4-10 所示。按 F8 键将绘制的矩形转换为"遮罩 1"的影片剪辑元件。再次按 F8 键,将该元件转换为"遮罩 1 动画"影片剪辑,将遮罩层的动画效果做成一个元件。

图4-10 "遮罩1"影片剪辑

(10)在"图层 1"的第 35 帧处插入关键帧,利用"任意变形工具",将变形点调整到底部,如图 4-11 所示。

图4-11 变形点调整

（11）单击第 1 帧，选择"任意变形工具"，将变形点调整到底部，向下缩小矩形。在第 1 帧至第 35 帧之间的任意一帧处右击，在弹出的快捷菜单中选择"创建传统补间"，打开"属性"面板，设置"缓动"值为"100"，如图 4-12 所示。

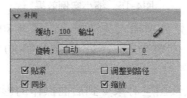

图4-12 动画补间设置

提示：设置"缓动"值可以调整运动的速度。"缓动"值设为"0"表示匀速运动，正数表示减速运动，负数表示加速运动。

（12）新建一层，在第 35 帧处创建关键帧，按 F9 键打开"动作"面板，输入"stop();"。

（13）回到"建筑遮罩动画"层，选中"遮罩"层上的"遮罩1动画"实例，打开"属性"面板，将实例名称改为"m2"。

（14）新建一层，选中第 1 帧，按 F9 键打开"动作"面板，输入如图 4-13 所示的代码。

图4-13 动作设置

提示：这里我们使用 ActionScript 3.0 脚本来实现遮罩效果。如果使用遮罩动画来实现这个效果，则"建筑遮罩动画"影片剪辑实例的大小将会是遮罩动画第 1 帧效果的大小，显得非常小。在这个案例的后面还需要对"建筑遮罩动画"影片剪辑实例进行缩小动画，所以这里使用脚本来实现遮罩效果。

遮罩语句格式为"要显示的对象 .mask= 遮片对象；"。

（15）回到"镜头 01"影片剪辑，将"图层 1"改名为"建筑 1"，选择第 1 帧，打开"属性"面板，调整实例的"色彩效果"，设置"样式"为"高级"，红、绿、蓝对应的数值均设置为"150"，如图 4-14 所示。在第 50 帧处插入关键帧，将"色彩效果"的样式设置为"无"。利用"任意变形工具"适当缩小实例，如图 4-15 所示。在第 1 帧至第 50 帧之间的任意一帧处右击，在弹出的快捷菜单中选择"创建传统补间"，制作补间动画，设置"缓动"值为"100"。

图4-14 "建筑1"色彩效果设置

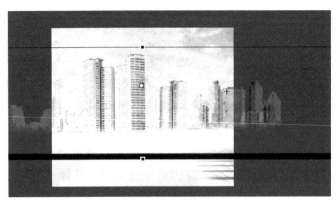

图4-15　缩小实例效果

（16）在第60帧、第80帧处分别插入关键帧，选择第80帧，再选择舞台中的实例，向右移动，设置该实例的"Alpha"值为"0"。在第60帧与第80帧之间创建补间动画，设置"缓动"值为"-100"。

锁定"建筑1"图层，避免该图层对象受到后面操作的影响。

（17）制作"镜头01"影片剪辑的第2层效果。

第2层动画效果的制作思路与第1层动画效果的制作思路相似。

新建一层，并命名为"建筑2"。选择第30帧，插入关键帧。将"库"面板"图片素材"中的"002.png"图片拖入到舞台中。调整位置，按F8键将其转换为"建筑物2"的影片剪辑元件，如图4-16所示。再继续按F8键将其转换为"建筑物2遮罩动画"的影片剪辑元件。

图4-16　"建筑物2"影片剪辑

（18）在"建筑物2遮罩动画"的影片剪辑元件中新建一层，选择"矩形工具"，设置填充为"线性渐变"，设置渐变颜色如图4-17所示。填充之后，利用"渐变变形工具"调整渐变，如图4-18所示。

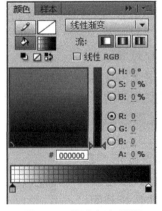

图4-17　渐变颜色设置

图4-18　渐变调整

（19）选择绘制的矩形，按F8键将其转换为"遮罩2"影片剪辑，再继续按F8键将其转换为"遮罩2动画"。动画的制作步骤与"遮罩1动画"制作类似，可以参考上面第（10）点的步骤，这里不再赘述。

（20）回到"建筑物2遮罩动画"影片剪辑，将图层1的对象实例名改为"m1"，图层2对象的实例名改为"m2"。新建一层，按F9键打开"动作"面板，输入如图4-19所示的代码。

（21）回到"镜头01"影片剪辑，在"建筑2"图层的第58帧处插入关键帧，选择第30帧中的实例，打开"属性"面板，设置"色彩效果"如图4-20所示。

图4-19 动作代码

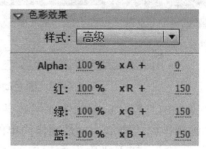

图4-20 色彩效果

（22）选择第58帧，适当调整实例在舞台的位置，与图层1中的建筑物保持一致。在第30帧与第58帧之间创建传统补间动画。

（23）在第60帧、第80帧处插入关键帧，选择第80帧中的实例，水平移动位置到舞台外，调整"Alpha"值为"0"，在第60帧与第80帧之间创建传统补间动画。设置"缓动"值为"-100"。

（24）制作"镜头01"影片剪辑的第3层效果——栅栏。

这层动画设计比较简单，只是设计"栅栏"图片的大小和位置的变化，制作时要注意变化的时间点。

新建图层并命名为"栅栏"。拖入"库"面板中的"003.png"图片，选中图片，按F8键将其转换为"栅栏"影片剪辑元件，在第50帧处插入关键帧。

（25）选择第1帧中的实例，利用"任意变形工具"适当放大实例对象，约为原来大小的130%。打开"属性"面板，设置"色彩效果"如图4-21所示。

图4-21 色彩效果设置

（26）在第1帧与50帧之间创建传统补间动画，设置"缓动"值为"100"，勾选"贴紧""同步""缩放"。在第60帧、第80帧处插入关键帧，选择第80帧，稍微向右移动实例，约40像素。在第60帧与第80帧之间创建补间动画，设置"缓动"值为"-100"，如图4-22所示。

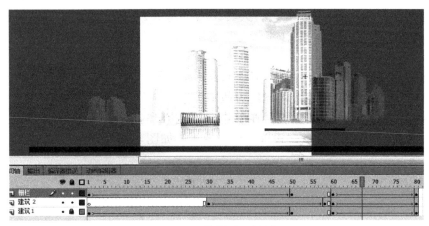

图4-22　栅栏动画设置

（27）制作"镜头01"影片剪辑的第4层效果——消防栓

"消防栓"动画制作比较简单，只是制作简单的大小和位置变化动画。

新建图层"消防栓"，拖入"库"面板中的"004.png"图片，选中图片，按F8键将其转换为"消防栓"影片剪辑元件，在第50帧处插入关键帧，如图4-23所示。

（28）选择第1帧中的实例，利用"任意变形工具"适当放大实例对象，约原来大小的140%。选择第50帧，将实例移动到舞台上，如图4-24所示。在第1帧与第50帧之间创建传统补间动画，设置"缓动"值为"100"。

图4-23　消防栓

图4-24　消防栓放大效果

（29）在第60帧、第80帧处插入关键帧。选择第80帧，向左平移实例，约30像素。在第60帧与第80帧之间创建传统补间动画，设置"缓动"值为"-100"。

（30）制作"镜头01"影片剪辑的第5层效果——灯杆进入舞台。

灯杆进入舞台的动画也是简单的大小和位置的补间动画。

新建一层"灯杆"。拖入"库"面板中的"005.png"图片，选中图片，按F8键将其转换为"灯杆"影片剪辑元件，在第50帧处插入关键帧。

（31）使用"任意变形工具"适当放大第1帧中的实例对象，如图4-25所示。

（32）使用"任意变形工具"适当缩小第50帧中的实例对象，并移动位置，如图4-26所示。在第1帧与第50帧之间创建补间动画，设置"缓动"值为"100"。

项目4　制作网络广告

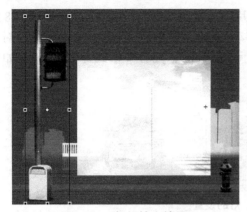

图4-25　灯杆放大效果

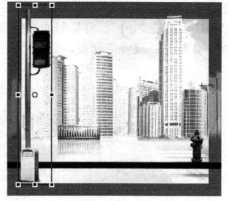

图4-26　灯杆缩小效果

（33）制作"镜头01"影片剪辑的第6层效果——汽车动画。

汽车动画主要是通过调整大小、位置、色彩效果来实现的。

新建一层"汽车"。拖入"库"面板中的"006.png"图片，选中图片，按F8键将其转换为"汽车"影片剪辑元件。

（34）制作车灯闪烁效果。

①进入"汽车"影片剪辑元件，在图层1的第62帧处按F5键插入普通帧。新建一图层2，选中"椭圆工具"，设置颜色从白色到白色透明的径向渐变，在车头车灯的位置绘制一个圆，制作灯光效果，如图4-27所示。

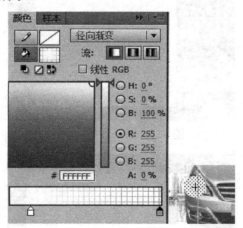

图4-27　灯光效果

②按F8键将其转换为"车灯光"的影片剪辑元件。复制该元件实例，移动到另一个车头车灯的位置，在第18帧处插入关键帧。

③选择第1帧中的实例，调整"Alpha"值为"27%"，并设置"显示"的"混合"状态为"增加"，如图4-28所示。

④在第21帧处插入关键帧，调整"Alpha"值为"48%"，并设置"显示"的"混合"状态为"增加"。

⑤新建一层。在第22帧处插入关键帧，拖入"库"

图4-28　车灯实例效果

95

面板中的"2.bmp"素材，利用辅助线，将图片中有光的地方与车头车灯对齐，按 F8 键将其转换为"tp1"。复制"tp1"，将复制的实例移动到另一车灯处，有光的地方与车灯对齐。选中两个实例，打开"属性"面板，设置"显示"属性的"混合"模式为"增加"，如图4-29所示。

图4-29　灯的设置

⑥分别在第42、47、49帧处插入关键帧，在第41、46、48、62帧处插入空白关键帧。
⑦新建一图层，在第62帧处插入关键帧，打开"动作"面板，输入"stop();"。

（35）回到"镜头01"场景。在第20帧处插入关键帧，使用"任意变形工具"适当缩小第1帧中的实例对象。打开"属性"面板，将"色彩效果"设置为"高级"，"红、绿、蓝"值均为"255"（即白色），效果如图4-30所示。

（36）使用"任意变形工具"适当放大第20帧中的实例对象，并移动位置，如图4-31所示。

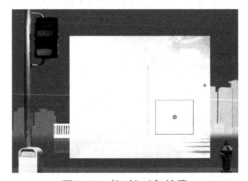

图4-30　第1帧对象效果

图4-31　第20帧对象效果

（37）在第59帧处插入关键帧，使用"任意变形工具"适当放大实例对象，并移动位置，如图4-32所示。

在第 60 帧、第 74 帧处插入关键帧。选中第 74 帧中的实例对象，使用"任意变形工具"适当放大实例对象，并移动位置。打开"属性"面板，将"色彩效果"设置为"高级"，"红、绿、蓝"值均为"255"（即白色），效果如图 4-33 所示。

图4-32　第59帧对象效果　　　　　　图4-33　第74帧对象效果

（38）在第 1 帧至第 20 帧之间创建传统补间动画，设置"缓动"值为"100"，勾选"贴紧""同步""缩放"。第 20 帧至第 59 帧之间创建传统补间动画。第 60 帧至第 74 帧之间创建传统补间动画，设置"缓动"值为"-100"。在第 75 帧处插入空白关键帧。

（39）制作"镜头 01"影片剪辑的第 7 层效果——文字。

文字动画主要通过调整大小、位置、色彩效果来实现。

新建"文字"图层，在第 8 帧处插入关键帧。选择"文本工具"，文本属性设置如图 4-34 所示，字体颜色为"#804928"。利用"任意变形工具"，对文字进行变形，如图 4-35 所示。

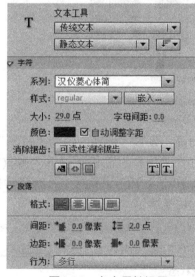

图4-34　文本属性设置　　　　　图4-35　文字变形效果

（40）选中文字，按 F8 键将其转换为"文字 1"影片剪辑元件，如图 4-36 所示。

（41）在第 22 帧处插入关键帧，使用"任意变形工具"适当缩小实例对象，并移动位置，如图 4-37 所示。

图4-36 文字1

图4-37 第22帧文字效果

（42）选中第22帧中的实例，打开"属性"面板，将"色彩效果"设置为"高级"，"红、绿、蓝"值均为"255"（即白色）。在第8帧与第22帧之间创建传统补间动画，设置"缓动"值为"100"。

（43）在第59帧处插入关键帧，使用"任意变形工具"适当缩小实例对象，在第22帧与第59帧之间创建传统补间动画。

（44）在第60帧、第72帧处插入关键帧。选中第72帧中的实例对象，使用"任意变形工具"适当缩小实例对象，并向左移动少许位置，将其"Alpha"值设置为"0"，如图4-38所示。

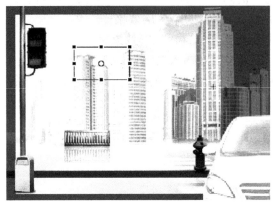
图4-38 第72帧文字效果

（45）在第60帧与第72帧之间创建传统补间动画，设置"缓动"值为"-100"。

（46）新建图层，在第59帧处插入关键帧，打开"动作"面板，输入"stop();"。第60帧处插入关键帧，设置该帧的名称为"转场"。在第80帧处插入关键帧，打开"动作"面板，输入"stop();"，这样影片剪辑只会播放1次，如图4-39所示。

图4-39 时间轴状态

（47）回到主场景，在"镜头01"图层的第59帧、第78帧处分别插入关键帧。选中第78帧中的实例，向左水平移动，移出舞台，如图4-40所示。

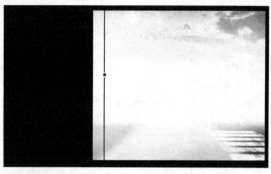

图4-40　主场景第78帧效果

（48）在第59帧与第78帧之间创建传统补间动画。在第79帧处插入空白关键帧。

（49）选中"镜头01"实例，在"属性"面板中定义名称为"jt01"。在"镜头01"上面新建一层，在第59帧处插入关键帧，打开"动作"面板，输入如图4-41所示的代码，这样在主场景中播放时，可以播放"镜头01"影片剪辑中标签为"转场"帧后面的内容。

图4-41　第59帧动作代码

（50）整理镜头01中所有的影片剪辑元件。在"库"面板中创建"镜头1"文件夹，将镜头01中所有的影片剪辑元件拖入该文件夹中。

4. 动画制作——镜头02

镜头02中的动画制作方法与镜头01类似，主要都是通过调整各元件的位置、大小、色彩效果等来实现的，效果如图4-42所示。

图4-42　镜头02效果

（1）回到主场景，在"镜头01"图层的上方新建图层"镜头02"。在第71帧处插入关键帧，将"库"面板中的"图层2"（在花底01.psd资源中）拖入到舞台右侧（镜头2是从舞台右侧进入到舞台中的，所以初始位置应该在舞台外），如图4-43所示。

（2）选中图片，按F8键将其转换为"飘带1"的影片剪辑元件，再按F8键将其转换为

"镜头02"影片剪辑元件。进入"镜头02"影片剪辑元件编辑状态,将图层1改名为"飘带"。在第27帧处插入关键帧,向左移动一段距离,如图4-44所示。

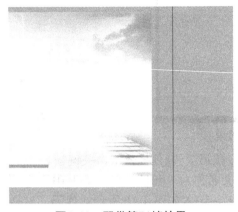
图4-43　飘带第71帧效果

图4-44　镜头02第27帧效果

镜头02制作

（3）选择第1帧中的实例对象,打开"属性"面板,设置"Alpha"值为"0"。在第1帧与第27帧之间创建传统补间动画,设置"缓动"值为"100"。

（4）在第79帧处插入关键帧,选择"任意变形工具",按住Alt键,向左适当缩小实例。在第27帧到第79帧之间创建补间动画。

（5）制作"镜头02"影片剪辑的第2层效果——照片1。

新建图层,并命名为"照片1",在第15帧处插入关键帧,拖入"库"面板中的"014.png"图片,利用"任意变形工具"适当放大图片,并旋转至如图4-45所示的位置。选中图片,按F8键将其转换为"照片1"影片剪辑元件,在第33帧处插入关键帧。

（6）选择第15帧中的实例,打开"属性"面板,将"色彩效果"设置为"高级","红、绿、蓝"值均为255（即白色）。选择第33帧中的实例,利用"任意变形工具"将其缩小并旋转,如图4-46所示。

图4-45　第15帧图片效果

图4-46　第33帧图片效果

（7）在第15帧与第33帧之间创建传统补间动画,设置"缓动"值为"100"。

（8）制作"镜头02"影片剪辑的第3层效果——远景。

新建图层,并命名为"远景",在第36帧处插入关键帧,拖入"库"面板中的"007.png"图片,调整位置如图4-47所示。选中图片,按F8键将其转换为"远景"影片剪辑元件,在第59帧处插入关键帧,将第59帧中的实例向上移动约50像素。

图4-47　远景第36帧效果

（9）选中第36帧中的实例，打开"属性"面板，设置"Alpha"值为"0"。在第36帧与第59帧之间创建传统补间动画，设置"缓动"值为"100"。

（10）制作"镜头02"影片剪辑的第4层效果——照片2。

"照片2"区别于其他的静态图片，而是一段视频。为了更好地确定视频放置的位置，我们可以先用一张图片作为"引导层"。为了让视频的播放效果与前面的照片一致，我们给视频加上白色的边框。

新建图层，并命名为"照片2"，在第27帧处插入关键帧，拖入"库"面板中的"015.png"图片，调整位置如图4-48所示。选中图片，按F8键将其转换为"照片2"影片剪辑元件，进入"照片2"影片剪辑，在"图层1"上右击，在弹出的快捷菜单中选择"引导层"。新建图层2，拖入"streamvideo64.flv"，旋转并调整位置。再新建一层，绘制一个白色的边框，为了能让视频只在白色的边框中显示，我们给视频加一个遮罩层，效果如图4-49所示，时间轴如图4-50所示。

图4-48　015图片效果

图4-49　视频效果

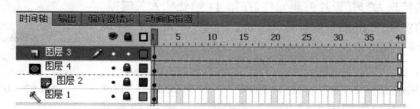

图4-50　照片2时间轴

回到镜头02，在第50帧处插入关键帧，旋转实例，如图4-51所示。

图4-51 镜头02的第50帧效果

（11）选择第27帧中的实例，打开"属性"面板，将"色彩效果"设置为"高级"，"红、绿、蓝"值均为"255"（即白色）。在第27帧与第50帧之间创建传统补间动画，设置"缓动"值为"100"。

（12）制作"镜头02"影片剪辑的第5层效果——雪山。

新建图层，并命名为"雪山"。在第25帧处插入关键帧，拖入"库"面板中的"008.png"图片，调整位置如图4-52所示。选中图片，按F8键将其转换为"雪山"影片剪辑元件，在第50帧处插入关键帧，将该帧实例向上移动约120像素。

图4-52 雪山图片

（13）选择第25帧中的实例，打开"属性"面板，设置"Alpha"值为"0"。在第25帧与第50帧之间创建传统补间动画，设置"缓动"值为"100"。

（14）制作"镜头02"影片剪辑的第6层效果——树。

新建图层，并命名为"树"，在第30帧处插入关键帧，拖入"库"面板中的"013.png"图片，调整位置如图4-53所示。选中图片，按F8键将其转换为"树"影片剪辑元件，在第44帧处插入关键帧。将30帧中的实例"Alpha"值设置为"0"。在第30帧与第44帧之间创建传统补间动画。

（15）制作"镜头02"影片剪辑的第7层效果——地盘。

新建图层，并命名为"地盘"，拖入"库"面板中的"009.png"图片，调整位置如图4-54所示。选中图片，按F8键将其

图4-53 树30帧效果

转换为"地盘"影片剪辑元件，在第26帧处插入关键帧。选择第1帧中的实例，打开"属性"面板，将"色彩效果"设置为"高级"，"红、绿、蓝"值均为"255"（即白色）。在第1帧与第26帧之间创建传统补间动画。

图4-54 地盘效果

（16）制作"镜头02"影片剪辑的第8层效果——人物1。

新建图层，并命名为"人物1"，在第32帧处插入关键帧，拖入"库"面板中的"018.png"图片，调整位置如图4-55所示。选中图片，按F8键将其转换为"人物1"影片剪辑元件，在第42帧处插入关键帧，将实例向上向右微移一定距离，约15像素。选择第32帧中的实例，利用"任意变形工具"缩小并旋转，如图4-56所示。打开"属性"面板，将"色彩效果"设置为"高级"，"红、绿、蓝"值均为"255"（即白色）。在第32帧与第42帧之间创建传统补间动画，设置"缓动"值为"100"。

图4-55 人物1第32帧效果　　　　图4-56 人物1第42帧效果

（17）分别在第43帧、47帧、49帧、51帧处插入关键帧。分别选中第43帧、第49帧中的实例，打开"属性"面板，将"色彩效果"设置为"高级"，"红、绿、蓝"值均为"255"（即白色）。分别在第43帧至第47帧，第49帧至第51帧之间创建传统补间动画。

（18）制作"镜头02"影片剪辑的第9层效果——狐狸。

新建图层，并命名为"狐狸"，在第37帧处插入关键帧，拖入"库"面板中的"012.png"图片，调整位置如图4-57所示。选中图片，按F8键将其转换为"狐狸"影片剪辑元件，在第45帧处插入关键帧，利用"任意变形工具"将实例缩小调整位置，如图4-58所示。在第37帧与第45帧之间创建传统补间动画，设置"缓动"值为"-100"。

图4-57　狐狸第37帧效果　　　图4-58　狐狸第45帧效果

（19）制作"镜头02"影片剪辑的第10层效果——车。

制作车动画的难点是如何制作车轮滚动的效果。我们这里利用位图填充、遮罩、元件自身旋转来制作。

新建图层，并命名为"车"，在第6帧处插入关键帧，拖入"库"面板中的"016.png"图片，调整位置如图4-59所示。选中图片，按F8键将其转换为"汽车2"影片剪辑元件，进入"汽车2"影片剪辑元件的编辑界面，制作车轮滚动的效果。

图4-59　车第6帧效果

（20）制作车轮滚动的效果，需要两个独立的轮子元件。在"汽车2"影片剪辑元件中新建一层，利用"椭圆工具"绘制一个与前轮一样大小的图形，设置填充为"位图填充"，选择一张汽车图片，如图4-60所示，利用"渐变变形工具"调整填充图片的位置，显示出车轮，如图4-61所示。

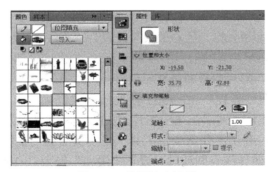

图4-60　位图填充设置

图4-61 调整填充图片位置

(21) 选中前轮,按 F8 键将其转换为 "r1" 的图形元件,再按 F8 键将其转换为 "轮子 1" 的影片剪辑元件。在图层 1 的第 5 帧处插入关键帧,在第 1 帧与第 5 帧之间创建传统补间动画,设置补间属性为 "逆时针" 旋转 "1" 周,如图 4-62 所示。

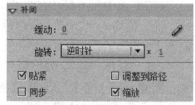

图4-62 前轮补间动画

由于旋转的形状不是正圆,轮子转动的效果不理想,需要调整中间旋转的状态。将补间动画转换为关键帧,逐帧调整,利用遮罩显示车轮部分。

(22) 按住 Shift 键选中第 2、3、4 帧,右击,在弹出的快捷菜单中选择 "转换为关键帧"。

(23) 新建一层作为遮罩,绘制一个与 "r1" 元件一样大小的形状,填充为黑色,如图 4-63 所示。在图层上右击,在弹出的快捷菜单中选择 "遮罩层"。

(24) 选择图层 1 的第 2 帧,利用 "任意变形工具" 进行调整,如图 4-64 所示。第 3 帧、第 4 帧的调整类似。

图4-63 黑色遮罩效果

图4-64 遮罩变形调整

(25) 回到 "汽车 2" 影片剪辑元件,将 "轮子 1" 实例复制一个,再移动到后轮位置,利用 "任意变形工具" 调整其大小,如图 4-65 所示。

(26) 回到 "镜头 02" 影片剪辑,在第 21 帧处插入关键帧。选择第 6 帧中的实例,向左后方移动实例,并适当缩小,如图 4-66 所示。

图4-65 后轮滚动

图4-66　镜头02第6帧效果

（27）选中第6帧中的实例，打开"属性"面板，将"色彩效果"设置为"高级"，"红、绿、蓝"值均为"255"（即白色）。在第6帧至第21帧之间创建传统补间动画，设置"缓动"值为"100"。

（28）制作"镜头02"影片剪辑的第11层效果——文字。

新建一层"文字"，在第11帧处插入关键帧，选择文字工具，文本格式设置如图4-67所示，字体颜色为"#804928"。利用"任意变形工具"，对文字进行变形，如图4-68所示。

图4-67　文本格式设置

图4-68　文字变形效果

（29）选中文字，按F8键将其转换为"wz2"影片剪辑元件，再继续按F8键将其转换为"文字2"影片剪辑元件。双击进入"文字2"影片剪辑元件的编辑界面，新建一个图层2，将图层1的实例原位复制到图层2中。选中图层2中的文字实例，打开"属性"面板，打开"滤镜"选项，点击面板左下角的"添加滤镜"按钮，添加"调整颜色"滤镜，设置参数值如图4-69所示。

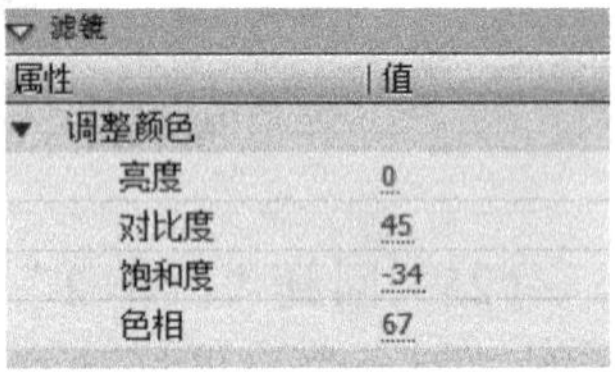

图4-69　"调整颜色"滤镜参数设置

（30）选中图层1中的文字实例，打开"属性"面板，设置"色彩效果"选项"样式"为"色调"，颜色为"白色"（即"红、绿、蓝"值均设为"255"）。打开"滤镜"选项，点击面板左下角的"添加滤镜"按钮，添加"发光"滤镜，参数设置如图4-70所示。文字效果如图4-71所示。

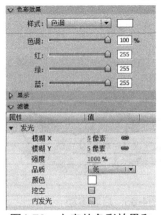

图4-70　文字的色彩效果和
　　　　发光滤镜设置

图4-71 文字效果

（31）回到"镜头02"影片剪辑，在"文字"图层的第19帧处插入关键帧，利用"任意变形工具"适当缩小实例，并调整位置，如图4-72所示。

图4-72 文字第19帧效果

（32）选中第11帧中的实例，打开"属性"面板，将"色彩效果"设置为"高级"，"红、绿、蓝"值均为"255"（即白色）。在第11帧与第19帧之间创建传统补间动画，设置"缓动"值为"-100"。

（33）在第67帧处插入关键帧，适当缩小实例，在第19帧与第67帧之间创建传统补间动画。

（34）在第68帧、第79帧处分别插入关键帧，选中第79帧中的实例，适当缩小实例，打开"属性"面板，将"Alpha"值设置为"0"。在第68帧与第79帧之间创建传统补间动画，设置"缓动"值为"-100"。

（35）新建一图层，在第79帧处插入关键帧，打开"动作"面板，输入"stop();"。

至此我们完成了"镜头02"影片剪辑的制作。

（36）回到主场景，将"镜头02"图层第71帧中的实例适当缩小，调整位置，如图4-73所示。在第90帧处插入关键帧，移动实例到舞台上，位置如图4-74所示。

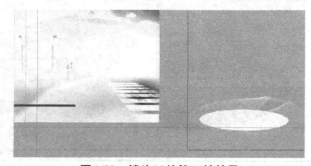

图4-73 镜头02的第71帧效果

图4-74 镜头02的第90帧效果

（37）在该图层的第143帧处插入关键帧，将实例向右平移约35像素，位置如图4-75所示。

（38）在该图层的第160帧处插入关键帧，将实例向左移出舞台，位置如图4-76所示。

图4-75 镜头02的第143帧效果

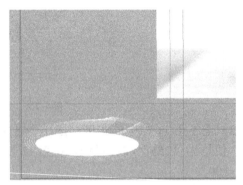

图4-76 镜头02的第160帧效果

（39）分别在第71帧与第90帧之间、第90帧与第143帧之间、第143帧与第160帧之间创建传统补间动画。第143帧与第160帧之间的补间动画设置"缓动"值为"-100"。

（40）整理镜头02中所有的影片剪辑元件。在"库"面板中创建"镜头2"文件夹，将镜头02中所有的元件拖入该文件夹中。

5．动画制作——镜头03

镜头03中动画制作方法与前面镜头的制作类似，效果如图4-77所示。

图4-77 镜头03动画效果

(1)回到主场景,在"镜头 02"图层的上方新建图层"镜头 03"。在第 154 帧处插入关键帧,将"库"面板中的"图层 3"(在花底 01.psd 资源中)拖入到舞台的右上角(镜头 3 是从舞台右上角进入到舞台中的,所以初始位置应该在舞台外),如图 4-78 所示。

图4-78　图层3初始位置

(2)与镜头 01、镜头 02 的制作类似,先将该图形转换为"飘带 2"影片剪辑元件,再转换为"飘带遮罩动画"影片剪辑元件,然后转换为"镜头 03"影片剪辑元件。双击"镜头 03"影片剪辑元件进行编辑。

(3)将"图层 1"改名为"飘带 1",并将关键帧移动到第 2 帧,即飘带 1 的动画从第 2 帧开始。双击"飘带遮罩动画"影片剪辑实例,制作飘带遮罩动画。飘带遮罩动画的制作原理与前面两个镜头类似,只是遮罩元件是一个径向渐变的圆形,效果及颜色设置如图 4-79 所示。

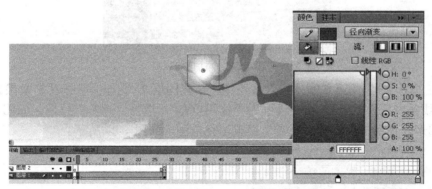

图4-79　飘带遮罩的效果和颜色设置

(4)回到"镜头 03"影片剪辑元件。在第 85 帧处插入关键帧,缩小舞台中的实例,并向左移动,如图 4-80 所示。

在第 2 帧与第 85 帧之间创建传统补间动画。

(5)新建一层"飘带 2",在第 85 帧处插入关键帧。将"库"面板中的"026.png"拖入到舞台,放置在图 4-81 所示的位置,并调整大小。

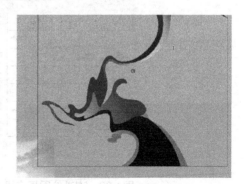

图4-80　镜头03第85帧效果

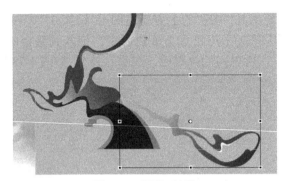

图4-81 飘带2效果

（6）制作"镜头03"影片剪辑的第3层效果——喇叭。

新建一层"喇叭"，在第10帧处插入关键帧，将"库"面板中的"019.png"拖入到舞台，放置在图4-82所示的位置，并调整大小。按F8键将其转换为"喇叭"影片剪辑元件，双击进入编辑界面。

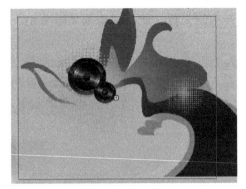

图4-82 添加喇叭

（7）在"图层1"的第6帧处插入普通帧。新建图层2，制作喇叭振动的效果。选择"椭圆工具"，线条设置为"无"，填充设置为"位图填充"，选择"喇叭"位图，如图4-83所示。绘制一个圆形，使用"渐变变形工具"调整填充位图，如图4-84所示。

图4-83 喇叭位图填充设置

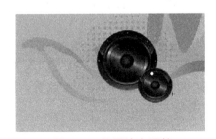

图4-84 位图填充调整

(8)将形状转换为"喇叭 2"影片剪辑元件。在第 6 帧处插入关键帧,缩小第 1 帧中的实例大小,在第 1 帧至第 6 帧之间创建传统补间动画。

(9)新建一图层,用同样的方法制作出喇叭中间振动的效果,如图 4-85 所示。

"喇叭"影片剪辑元件时间轴如图 4-86 所示。

图4-85　喇叭中间震动效果　　　图4-86　喇叭元件的时间轴

(10)制作"镜头 03"影片剪辑的第 4 层效果——唱片。

新建一图层"唱片",将"库"面板中的"020.png"拖入到舞台,调整大小并放置在图 4-87 所示的位置。按 F8 键将其转换为"唱片"影片剪辑元件,进入编辑界面。

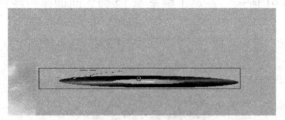

图4-87　添加唱片

(11)新建一图层,使用"椭圆工具",设置填充颜色如图 4-88 所示(颜色为白色,Alpha 值从"0%—30%—100%"的线性渐变),绘制一个与唱片大小一致的椭圆。

图4-88　椭圆颜色设置

(12)按 F8 键将其转换为"唱片 1"影片剪辑元件,制作唱片转动的光环效果。进入"唱片 1"影片剪辑,将刚绘制的椭圆转换为"唱片 2"影片剪辑元件,在第 30 帧处插入关键帧,调整变形点至左上角,如图 4-89 所示。

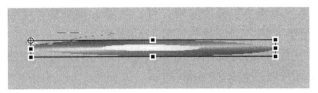

图4-89 调整变形点

在第1帧与第30帧之间创建传统补间动画,设置补间属性如图4-90所示。

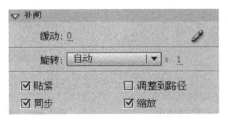

图4-90 唱片动画补间属性设置

(13)新建一图层,在第29帧处插入关键帧,打开"动作"面板输入"gotoAndPlay(1);"。

(14)回到"镜头03"影片剪辑。在"唱片"图层的第12帧处插入关键帧,按住Alt键,向上放大实例,如图4-91所示。在第1帧至第12帧之间创建传统补间动画,设置"缓动"值为"100"。

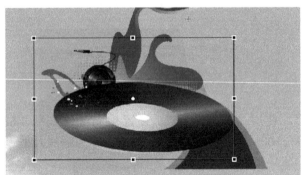

图4-91 镜头03的第12帧效果

(15)制作"镜头03"影片剪辑的第5层效果——照片1。

该图层也要制作一个动态视频,与镜头02中类似,制作过程不再赘述,效果及时间轴如图4-92、图4-93所示。

图4-92 照片1效果

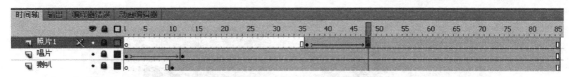

图4-93 照片1时间轴

（16）制作"镜头03"影片剪辑的第6层效果——照片2。

新建一图层"照片2"，在第46帧处插入关键帧。将"库"面板中的"04.bmp"拖入到舞台，调整大小并放置在图4-94所示的位置，按F8键将其转换为"照片2"影片剪辑元件。在第61帧处插入关键帧，缩小实例并调整位置，如图4-95所示。选中第46帧中的实例，打开"属性"面板，将"Alpha"值设置为"0"。在第46帧与第61帧之间创建传统补间动画，设置"缓动"值为"100"。

图4-94 照片2的第46帧效果

图4-95 照片2的第61帧效果

（17）制作"镜头03"影片剪辑的第7层效果——机理。

新建一图层"机理"，在第28帧处插入关键帧。将"库"面板中的"022.png"拖入到舞台，调整大小并放置在图4-96所示的位置。按F8键将其转换为"机理"影片剪辑元件，双击进入其编辑状态，分别在第30、31、32帧处插入关键帧。分别将第28帧、第31帧处的实例"色彩效果"设置为"高级"，"红、绿、蓝"值均为"255"（即白色）。

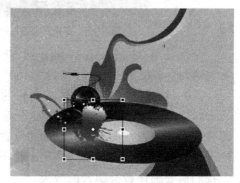

图4-96 添加机理

（18）制作"镜头03"影片剪辑的第8层效果——耳机。

新建一图层"耳机"，在第23帧处插入关键帧。将"库"面板中的"024.png"拖入到舞台，调整大小并放置在图4-97所示的位置。按F8键将其转换为"耳机动画"影片剪辑元件，进入"耳机动画"影片剪辑，按F8键将实例转换为"耳机"影片剪辑元件，在第39、第93帧处分别插入关键帧。选择第39帧，将该帧的实例稍微向上移动，如图4-98所示。将第1帧中的对象复制到第93帧中，分别在第1帧与第39帧、第39帧与第93帧之间创建传统补间动画。

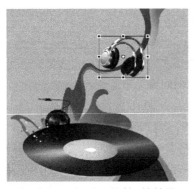
图4-97 耳机动画的第1帧效果

图4-98 耳机动画的第39帧效果

（19）回到"镜头03"，在"耳机"图层的第37帧处插入关键帧，向下移动实例如图4-99所示。

在第46帧处插入关键帧，稍稍向上移动实例，如图4-100所示。

图4-99 耳机的第37帧效果

图4-100 耳机的第46帧效果

分别在第23帧与第37帧、第37帧与第46帧之间创建传统补间动画。设置第23帧与第37帧补间动画的"缓动"值为"-100"，设置第37帧与第46帧补间动画的"缓动"值为"100"。

（20）制作"镜头03"影片剪辑的第9层效果——车。

新建一图层"车"，在第25帧处插入关键帧。将"库"面板中的"023.png"拖入到舞台，调整大小并放置在图4-101所示的位置。按F8键将其转换为"汽车2"影片剪辑元件。汽车轮子转动效果与"镜头2"中汽车轮子效果相似，我们可以直接应用那个影片剪辑元件，这里我们需要制作音符飘升的效果。

图4-101 添加车

（21）新建一图层，绘制如图 4-102 所示的图形，按 F8 键将图形转换为"音符 1"图形元件。再按 F8 键将其转换为"音符飘升"影片剪辑元件，继续按 F8 键将其转换"音符飘升 2"影片剪辑元件（我们需要制作 3 种音符不断飘升的效果）。

（22）进入"音符飘升 2"影片剪辑元件，再进入"音符飘升"影片剪辑元件，新建一图层，绘制如图 4-103 所示的形状，按 F8 键将其转换为"音符 2"图形元件。再新建一图层，绘制如图 4-104 所示的形状，按 F8 键将其转换为"音符 3"图形元件。

图4-102　音符1

图4-103　音符2

图4-104　音符3

3 个不同的音符放置在不同的图层，设置不同的开始帧，让各个音符出现的时间存在错位。利用逐帧动画，调整各个音符的位置和方向，同时降低元件的透明度，每前进一帧，"透明度"降低"5%"，制作"音符飘升"的效果，效果和时间帧如图 4-105、图 4-106 所示。

图4-105　音符飘升效果

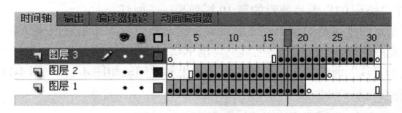
图4-106　音符飘升时间轴

回到"音符飘升 2"影片剪辑，创建 3 图层，将"音符飘升"影片剪辑实例复制到不同层，并调整开始时间和位置，制作出多个"音符"不断飘升的效果。时间轴如图 4-107 所示。

图4-107　音符飘升2时间轴

（23）回到"镜头 03"，制作汽车淡入画面的效果。分别在第 25、45、85 帧处插入关键帧，适当缩小第 25 帧中的实例,并设置"Alpha"值为"0"。调整第 45 帧和第 85 帧中实例的位置,并适当放大第 85 帧中实例。在第 25、45、85 帧之间创建传统补间动画,效果和时间轴如图 4-108 ~图 4-111 所示。

图4-108　汽车第25帧效果

图4-109　汽车第45帧效果

图4-110　汽车第85帧效果

图4-111　汽车时间轴

(24)制作"镜头 03"影片剪辑的第 10 层效果——射灯。

射灯动画制作的重点是加强中间光照效果。这个效果的制作是在原来"射灯"图片的上层再加入一层光照效果,利用"钢笔工具"勾出形状,使用"位图"填充,填充"射灯"位图。利用"渐变变形工具"调整填充对象的位置,效果和时间轴如图 4-112、图 4-113 所示。

图4-112　射灯效果

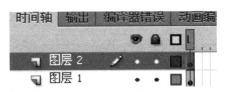

图4-113　射灯时间轴

利用逐帧动画制作射灯闪烁的效果,时间轴如图4-114所示。

图4-114　射灯闪烁时间轴

(25) 回到"镜头03",在第28帧处插入关键帧,调整第28帧中实例的位置和角度,在第22帧与第28帧之间创建传统补间动画,效果和时间轴如图4-115～图4-117所示。

图4-115　镜头03第22帧射灯效果　　图4-116　镜头03第28帧射灯效果

图4-117　射灯时间轴

(26) 制作"镜头03"影片剪辑的第11层效果——机理

新建一图层,在第20帧处插入关键帧,拖入"机理"影片剪辑元件,调整位置,效果和时间轴如图4-118、图4-119所示。

图4-118　机理效果

图4-119　机理时间轴

(27) 制作"镜头 03"影片剪辑的第 12 层效果——文字。

镜头 03 的文字效果与镜头 02 的文字效果制作原理一样,只是颜色不同。上下层文字滤镜值如图 4-120、图 4-121 所示。

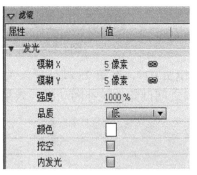

图4-120　上层文字滤镜设置　　　　图4-121　下层文字滤镜设置

回到"镜头 03",文字动画同样是由纯白色渐变到元件原来的效果的,制作方法也与"镜头 02"的类似,效果和时间轴如图 4-122、图 4-123 所示。

图4-122　镜头03文字动画效果

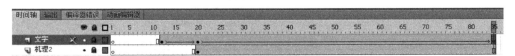

图4-123　镜头03文字时间轴

(28)在图层的最上面新建一图层,在第 85 帧处插入关键帧,打开动作面板输入"stop();"。

(29)回到主场景,制作"镜头 03"进入画面的效果。"镜头 03"从舞台的右上角进入画面,然后从左边退出画面,时间轴和位置如图 4-124～图 4-126 所示。

图4-124　镜头03时间轴

图4-125　镜头03进入位置

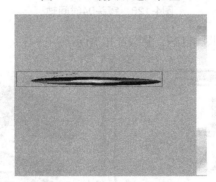

图4-126　镜头03退出位置

(30)整理镜头 03 中所有的影片剪辑元件。在"库"面板中创建"镜头 3"文件夹,将镜头 03 中所有的元件拖入该文件夹中。

6. 动画制作——镜头04、镜头05

镜头 04、05 主要表现极限、健身房乃至跑酷等,制作方法与前面的类似,这里不再赘述,具体参见效果文件及源文件。

镜头 04 效果图及时间轴如图 4-127、图 4-128 所示。

图4-127　镜头04效果

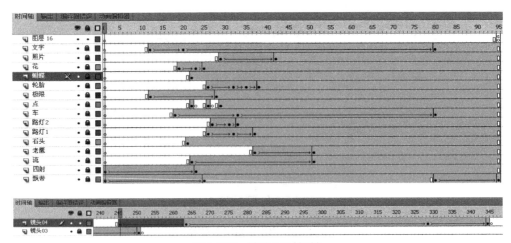

图4-128　镜头04时间轴

镜头 05 效果及时间轴如图 4-129、图 4-130 所示。

图4-129　镜头05效果

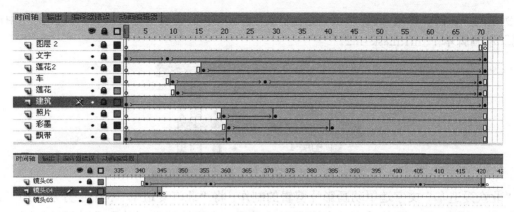

图4-130　镜头05时间轴

7. 增加"背景层"动画

给镜头的背景层制作淡出效果,时间轴及第435帧效果如图4-131、图4-132所示。

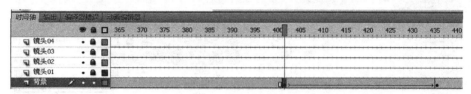

图4-131　背景层时间轴

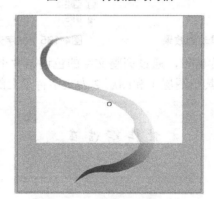

图4-132　背景层第435帧效果

8. 落款动画制作——"北汽爱造车"、LOGO标志

在所有镜头展示完后,出现"北汽爱造车"的主题文字和LOGO标志。落款动画意在表现各个场景的一个升华汇集,最后一个镜头过渡为镜头上浮,为隐晦的背景心形图案添加半透明遮罩刷出动画,原理和调用遮罩元件都同之前的建筑出现相同。

(1)"北汽爱造车"文字动画。

"北汽爱造车"文字动画的特点是文字本身的出现应用了遮罩动画,而遮罩动画应用了"镜头03"中制作的"遮罩动画4",可以直接应用,无须重复制作。"文字-北汽"影片剪辑元件的时间轴如图4-133所示。图层1为"北汽爱造车"5个字,字体为"迷你简黄草",将文字打散后,利用"修改"菜单中"形状"下的"扩展填充",将文字扩展"1"个像素,图层

1实例名为"m1"。图层2为"北汽爱造车文字遮罩动画",实例名为"m2"。图层3中添加了遮罩动画脚本:"m1.mask=m2;"。

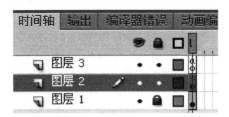

图4-133 "文字-北汽"影片剪辑时间轴

"北汽爱造车"文字遮罩动画影片剪辑的制作:将"北汽爱造车"5个字分别添加"遮罩动画4",调整动画出现的时间及文字出现的时间。文字遮罩动画效果及时间轴如图4-134、图4-135所示。

图4-134 文字遮罩动画效果　　图4-135 文字遮罩动画时间轴

回到"北汽爱造车"影片剪辑,通过调整文字的色调、大小来制作动画,效果及时间轴如图4-136、图4-137所示,其中图层1和图层2为文字背景上的两条飘带。

图4-136 "北汽爱造车"效果

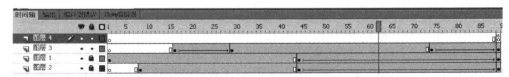

图4-137 "北汽爱造车"时间轴

回到主场景,在第425帧处插入关键帧,制作文字淡入画面的效果,效果及时间轴如图

4-138、图 4-139 所示。

图4-138　文字淡入效果

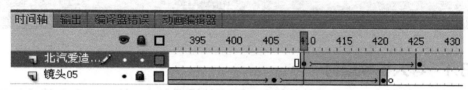

图4-139　主场景时间轴

（2）LOGO 标志制作。

LOGO 标志的淡入动画制作的重点是在 LOGO 前面加入光的效果，这个效果利用遮罩动画来制作。遮罩层内容为 LOGO 标志前面的图形，被遮罩层内容为一个白色到透明渐变的椭圆，从左到右及从右到左的补间动画。"LOGO 遮罩动画"时间轴如图 4-140 所示。

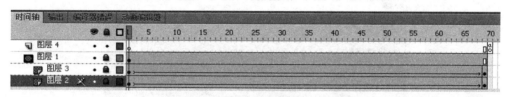

图4-140　"LOGO遮罩动画"时间轴

其中图层 1 的效果如图 4-141 所示。

图层 2 和图层 3 为一个白色到透明渐变的椭圆，图层 2 中椭圆从左到右运动，图层 3 中椭圆从右到左运动。

回到主场景，制作 LOGO 淡入效果，时间轴及效果如图 4-142、图 4-143 所示。

图4-141　图层1效果

图4-142　主场景时间轴

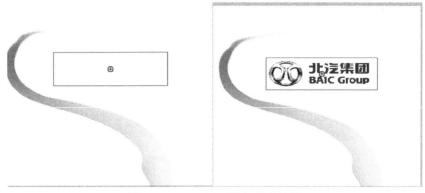

图4-143　LOGO淡入前后效果

4.3　知识点拓展

4.3.1　导入视频素材

Flash 不仅支持图片、音频文件的导入，还支持视频文件的导入。Flash 能导入常用的主流视频格式，如 FLV、AVI、MP4、WMV 等。

按照 Flash 导入视频助手的提示，导入相应格式的视频文件。以导入"FLV"格式视频为例，具体操作如下：

（1）点击"文件"菜单，选择"导入"下的"导入视频"命令，打开"导入视频"对话框，如图 4-144 所示。

图4-144　"导入视频"对话框

（2）选择"在 SWF 中嵌入 FLV 并在时间轴中播放"选项。点击"浏览"按钮，选择 FLV 文件路径。然后点击"下一步"按钮。

（3）默认选项完成视频导入。

4.3.2　Flash 混合模式

在 Flash 中使用混合模式，可以创建复合图像。复合是改变两个或两个以上重叠对象的透明度或者颜色相互关系的过程。使用混合模式，可以混合重叠影片剪辑中的颜色，从而创造出独特的效果。

Flash 的混合模式类似于 Photoshop 中的混合模式，但不同的是，Flash 中并非应用于图层上，而只能应用于影片剪辑元件和按钮元件中。常用的混合模式功能如表 4-1 所示。

表4-1　混合模式功能

混合类型	功能说明
图层	选择此模式，可以将各对象以图层的方式叠加，但不影响其颜色
变暗	选择此模式，会查看对象中的颜色信息，并选择基色或混合色中较暗的颜色作为结果色。比混合色亮的像素被替换，比混合色暗的像素则保持不变
正片叠底	选择此模式，会查看对象中的颜色信息，并将基色与混合色复合。结果色总是较暗的颜色。任何颜色与黑色复合会产生黑色。而任何颜色与白色复合保持不变
变亮	应用此模式，会查看对象中的颜色信息，并将基色或混合色中较亮的颜色作为结果色，比混合色暗的像素被替换，比混合色亮的像素则保持不变
滤色	用基准颜色乘以混合颜色的反色，从而产生漂白效果
叠加	复合或过滤颜色，具体取决于基色。图案或颜色在现有像素上叠加，同时保留基色的明暗对比。不替换基色，但基色与混合色相混以反映原色的亮度或暗度
强光	复合或过滤颜色，具体取决于混合色。此效果与耀眼的聚光灯照在图像上相似。如果混合色（光源）比 50% 灰色亮，则图像变亮，就像过滤后的效果。这对于向图像中添加高光非常有用。如何混合色（光源）比 50% 灰色暗，则图像变暗，就像复合后的效果。这对于向图像添加暗调非常有用。用纯黑色或纯白色绘画产生纯黑色或纯白色
增加	在基准颜色的基础上增加混合颜色
减去	从基准颜色中去除混合颜色
差值	从基准颜色中去除混合颜色或者从混合颜色中去除基准颜色。从亮度较高的颜色中去除亮度较低的颜色，具体取决于哪一个颜色的亮度值更大。与白色混合将反转基色值；与黑色混合则不产生变化
反相	反相显示基准颜色
Alpha	透明显示基准色
擦除	擦除影片剪辑中的颜色，显示下层的颜色

4.3.3　补间缓动设置

Flash 动画播放速度默认为匀速。通过设置动画补间缓动属性，可以修改动画的速度变化，如图 4-145 所示。"缓动"是指动画过程中的渐进加速或减速，它会使动画看起来更逼真。

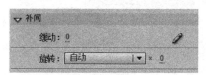

图4-145　补间缓动属性

Flash 中"缓动"的数值可以是 -100 到 100 之间的任意整数，代表运动元件的加速度。"缓动"值是负数时，则元件做加速运动，"缓动"值是正数时，则元件做减速运动，如果"缓动"值是 0，则元件做匀速运动。也可通过编辑"自定义缓入/缓出"中的曲线，设置多样的速度变化，如图 4-146 所示。

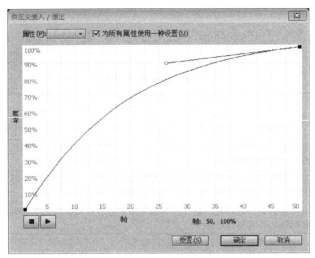

图4-146 "自定义缓入/缓出"对话框

4.4 拓展练习

1. 项目任务

制作甲壳虫广告动画,效果如图 4-147 所示。

2. 项目要求

- 运用运动动画、逐帧动画、引导动画、遮罩动画制作动态效果。
- 运用 Alpha 值的设置制作文字淡入淡出动画。

图4-147 拓展练习

4.5 课后习题

1. Flash 不但支持音频，而且支持视频。（　　）
   A. 正确　　　　　　　　　B. 错误
2. 下面关于 Flash 动画对象的加减速运动的叙述中错误的是（　　）。
   A. 在默认设置下，动画对象的运动都是匀速的
   B. 选择帧"属性"面板的简易参数，可以修改动画的运动速度
   C. 当简易值设为负数时，动画的速度为加速，反之为减速
   D. 调整加、减速度时，应该选择动画的结束关键帧，然后打开帧"属性"面板的简易参数
3. 在指定帧插入关键帧，其实就是将（　　）的所有内容复制过来。
   A. 指定帧前的关键帧
   B. 空白关键帧
   C. 第一个关键帧
   D. 任意一个关键帧
4. 在引导层动画中，下列选项不可作为被引导层对象类型的是（　　）。
   A. 影片剪辑　　　　　　　B. 图形元件
   C. 按钮　　　　　　　　　D. 图形
5. 遮罩动画中，被遮罩物遮盖的部分看不到，没有被遮罩的区域才可以看到。（　　）
   A. 正确　　　　　　　　　B. 错误
6. 下列格式的视频文件，可以导入到 Flash 中的是（　　）。（多选题）
   A. FLV　　　　　　　　　B. AVI
   C. MP4　　　　　　　　　D. WMV
7. 下列选项中，属于实例的属性的是（　　）。（多选题）
   A. 色彩效果　　　　　　　B. 混合模式
   C. 滤镜　　　　　　　　　D. 循环

习题4答案

项目 5

设计交互式网页

5.1 行业知识导航

随着信息化时代的到来,网络已成为世界范围内信息传播的重要平台,企业网站已经成为企业的一张网络名片,在营销中起到重要的作用,因此越来越多的公司和企业开始重视网站建设。在这样的背景下,网页设计显得越来越重要。Flash 动画极具动感,并具有强大的交互性,在网页的设计及优化中发挥着重要的作用。在网页设计中应用 Flash 动画,使网页更加生动,更加有吸引力,同时也增加了与浏览者的互动性。

5.1.1 Flash动画在网站中的应用

1. Flash动画在网站中的部分应用

在网页设计中,Flash 动画作品除了以流式播放动画,如:Flash 动画短片、Flash MV,还具有一定交互性。在网站设计过程中,除了可以将引导界面做成 Flash 动画形式,还可将内页中的网络广告、形象展示、网站导航栏、图片展示、用户交互等模块以 Flash 动画的形式进行设计。

2. Flash动画在整站网页设计中的应用

可以将整个网站做成 Flash 动画,即整个网站的所有视听元素及版式设计均采用 Flash 技术进行制作。全 Flash 网站基本以图形和动画为主,所以比较适合做那些文字内容不太多,以平面、动画效果为主的应用。如:企业品牌推广、个性网站等。

全 Flash 网站,因其具备良好的动态效果,常带给浏览者耳目一新的视觉感受。但全 Flash 网站会受到多个方面因素的制约,影响网页与到访者之间的互动,如网络带宽大小、网站到访者个人计算机的配置高低等。

5.1.2 Flash动画网站的制作流程

制作全 Flash 网站和制作 HTML 网站类似,首先在纸上画出结构关系图,包括:网站的主题、要用什么样的元素、哪些元素需要重复使用、元素之间的联系、元素如何运动、用什么风格的音乐、整个网站可以分成几个逻辑块、各个逻辑块间的联系如何,以及你是否打算用 Flash 建构全站或是只用其制作网站的前期部分,等等。

实现全Flash网站的方法多种多样，但基本原理是相同的：将主场景作为一个"舞台"，这个舞台提供标准的长宽比例和整个的版面结构，"演员"就是网站子栏目的具体内容，根据子栏目的内容结构可能会再派生出更多的子栏目。主场景作为"舞台"基础，基本保持自身的内容不变，其他"演员"身份的子类、次子类内容根据需要被导入到主场景中。

5.1.3 创意Flash动画网站欣赏

1. 新奇的Loading（载入）动画

利用Flash技术制作的网站由于需要载入大量的美术和音乐素材而使Loading（载入）时间变得很长。而此时，与众不同的设计可以使这段载入时间变得有趣，当用户等待时间中所有的操作变成了网站体验的一部分，这便让我们的访问之旅有了一个很酷的开始。下面这些网站，因为拥有了一个很酷的Loading页，让我们在茫茫的网站海洋中记住了它们。

1）http://bio-bak.nl/

如图5-1所示，这是荷兰的一个设计师的作品集网站。网页中鼠标移动的过程很有趣，很多流畅的Flash交互融入其中，让你很快感觉到设计师是一个多么可爱的人。

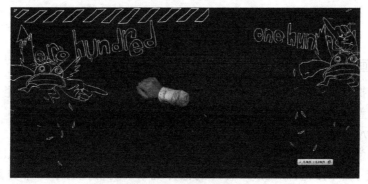

图5-1　Loading欣赏1

2）http://www.webarts.sh.cn/main.htm

这是一个网站设计公司的Flash网站。从图5-2中可以看出，这个网站的Loading非常有创意，Loading做成了一个表的形式，指针和表盘上的笔画组合起来刚好形成一个时间数字。

图5-2　Loading欣赏2

3）http://happyvalley.cn/

这是一个国内高端的 Flash 网站——欢乐谷 Flash 网站。准确地说它是一个拥有 4 个分站的站群，包括成都站、深圳站、上海站、北京站。这个网站的 Loading、分站的 Loading 都很有创意，多彩的颜色、跳动的音符、炫彩的光环突出了欢乐谷的欢乐气氛。效果图如图 5-3 所示。

图5-3　Loading欣赏3

2. 融入动画元素设计有趣的网站风格

这些网站或拥有独特的世界观，或拥有个性十足的设计风格，在充分融入了动画、游戏等元素之后，让整个网站变成了一个不一样的小世界。

1）http://www.escriba.es/base_en.html

这是一个可爱的站点，整个网站看上去像一个蛋糕工厂，清新而童话般的效果。不同风味的蛋糕变换出了不同的蛋糕工厂，特殊的世界观下，仿佛置身于一个美食世界。Loading 设计也非常有创意，像一个定时器，让你的等待充满了希望，时间到了美味的蛋糕也就出炉了，如图 5-4、图 5-5 所示。

图5-4　Loading欣赏4

图5-5　Loading欣赏5

2）http://www.xixinobanho.org.br/

这个网站给人一种暖暖的小清新的感觉，点开之后心情一下子就敞亮起来。载入画面很赞，各个网页的切换动画做得很用心、很有创意。相信设计师一定是个温暖的人，有孩子般纯净的微笑，如图5-6所示。

图5-6　Loading欣赏6

3）http://zzz.drinkzzz.com/

这个网站看上去像一个饮料广告的推广网站。网站页面的载入像MTV开场，而后来点击每个选项后的响应都很有趣，风格很简约，但设计绝不简单，如图5-7所示。

图5-7　Loading欣赏7

4）http://food.barba.ru/

图5-8、图5-9所示的是一个有点重口味的关于食物的网站,这样的插画风格让人想起保罗·德里森搞怪的动画短片,Loading页一出现就看到那个被面条捆绑的小人怎样被一点点勒得快死掉。尽管有点血腥和恶心,但是这并不妨碍它绝对是一个非主流的好网站。

图5-8　Loading欣赏8

图5-9　Loading欣赏9

5）http://www.sectionseven.com/index2.html

这是一个个人作品集站点，设计师将自己的作品集分类制作成册，点击之后会有很酷的翻页效果，仿佛真在翻阅一本作品集一般，如图5-10所示。

图5-10　Loading欣赏10

5.2　网站Banner动画

5.2.1　创意解析

Flash制作的网站Banner动画已在网页上随处可见，是Flash动画在网站中的重要应用。

义乌高创信息技术有限公司企业网站的Banner动画整体颜色为淡蓝绿色，与网站LOGO颜色呼应，增强了网站的科技感。动画背景采用商务感较强的图片，文字动画的设计凸显了企业的文化，剪影人物动画增强了商务感。Banner动画的分帧效果如图5-11、图5-12所示。

Banner动画效果

制作该动画的关键在于确定各个对象出现的时间点和持续时间，使动画具有较强的节奏感和较好的连贯性。

图5-11　分帧效果图1

图5-12 分帧效果图2

5.2.2 Banner动画的制作

1. 素材准备

在制作网站前，我们一般会使用 Photoshop 工具软件设计出网页的效果图。同样，我们先用 Photoshop 软件设计出网站 Banner 的效果图，保存为 banner.psd 文件。

2. 动画准备

（1）新建一个 Flash 文件，根据 PS 设计稿，设置影片舞台尺寸为 1022px×431px，背景颜色设置为"#666666"，帧频为"12"fps，如图 5-13 所示。将文件以"gaoc-banner"命名并保存。

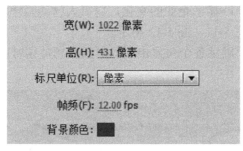

图5-13 文档属性

（2）导入 PSD 文件。点击"文件"菜单，选择"导入"选项下的"导入到舞台"（或者使用 Ctrl+R 键盘），打开"导入"面板，选择"banner.psd"文件并进行导入，打开如图 5-14 所示的对话框。勾选"检查要导入的 Photoshop 图层"中所有的图层，其他选项保持默认，点击"确定"按钮。

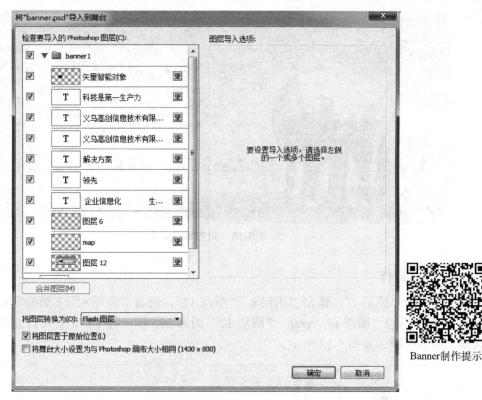

Banner制作提示

图5-14 导入PSD文件

（3）导入 PSD 文件后，舞台及时间轴面板如图 5-15 所示。

图5-15 导入PSD文件舞台效果

（4）选中"banner1"文件夹中的图层，点击导入的对象，在"属性"面板中，将坐标值调整为（0，0），使导入的对象相对舞台对齐，如图 5-16 所示。

图5-16 对齐导入对象

3. 动画制作

（1）删除"图层1"，锁定"图层6""图层12"，隐藏"图层6"上面的其他图层。按住 Shift 键选中图层"图层6""map""图层12"的第205帧，按F5键插入普通帧，将动画时间延长为205帧，如图5-17所示。

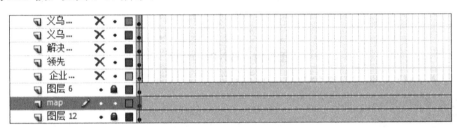

图5-17 设置动画时间

（2）单击"map"图层的第1帧，按F8键将位图转换为影片剪辑元件"map"。

（3）选中"map"图层的第20帧，按F6键插入关键帧。选择"map"图层的第1帧，点击舞台上的"map"实例，打开"属性"面板，在"色彩效果"的"样式"下拉菜单中选择"Alpha"，将"Alpha"值调整为0，如图5-18所示。

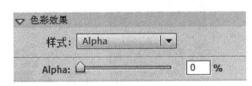

图5-18 调整"Alpha"值

（4）在"map"图层的第1帧至第20帧之间的任意一帧上右击，在弹出的快捷菜单中选择"创建传统补间"，制作"map"渐显动画。锁定"map"图层。

（5）显示"义乌高创信息技术有限公司为您提供……"图层（简称"义乌1"图层），选中第1帧，按住鼠标左键拖动帧到第15帧，以调整该图层内容出现的时间点。点击第15帧，按F8键，将其转换为"义乌高创1"影片剪辑元件。选中第40帧，按F6键插入关键帧。选中第110帧，按F5键插入普通帧。

（6）利用遮罩制作打字效果。在上述图层的上方新建图层"遮罩1"。在第15帧处插入关键帧，使用"矩形工具"绘制一个矩形，遮住前面的文字，如图 5-19 所示。在第 40 帧处插入关键帧。

图5-19　绘制遮罩层

（7）选择"遮罩 1"图层的第 15 帧，使用"任意变形工具"![]，将矩形条向左缩短到文字的左边。在第 15 帧至第 40 帧之间的任意一帧上右击，在弹出的快捷菜单中选择"创建补间形状"，制作形状补间动画，如图 5-20 所示。在"遮罩 1"图层上右击，在弹出的快捷菜单中选择"遮罩层"。

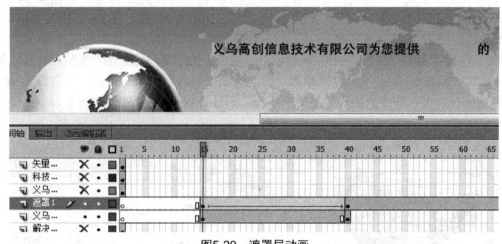

图5-20　遮罩层动画

（8）显示"领先"图层，选中第 1 帧，按住左键拖动帧到第 41 帧，以调整该图层内容出现的时间点。点击第 41 帧，按 F8 键，将其转换为"领先 1"影片剪辑元件。选中第 53 帧，按 F6 键插入关键帧。再选中第 110 帧，按 F5 键插入普通帧。

（9）选择"领先"图层的第 41 帧，点击舞台上的"领先 1"实例，打开"属性"面板，添加"模糊滤镜"，设置"模糊 X"和"模糊 Y"均为"10"像素，如图 5-21 所示。右击第 41 帧至第 53 帧之间的任一帧，在弹出的快捷菜单中选择"创建传统补间"。

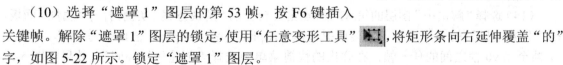

图5-21　滤镜属性设置

（10）选择"遮罩 1"图层的第 53 帧，按 F6 键插入关键帧。解除"遮罩 1"图层的锁定，使用"任意变形工具"![]，将矩形条向右延伸覆盖"的"字，如图 5-22 所示。锁定"遮罩 1"图层。

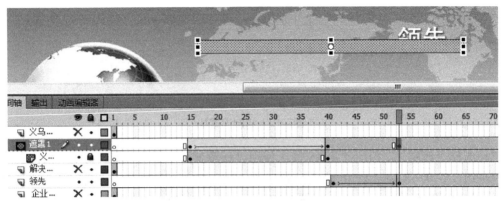

图5-22 绘制遮罩层矩形

（11）显示"企业…"图层，选中第1帧，按下左键拖动帧到第54帧。点击第54帧，按F8键，将其转换为"企业信息化"影片剪辑元件。选中第80帧，按F6键插入关键帧。选中第110帧，按F5键插入普通帧。

（12）选择"企业…"图层的第54帧，点击舞台上的"企业信息化"实例，打开"属性"面板，添加"模糊滤镜"，设置"模糊X"和"模糊Y"均为"10"像素，右击第54帧至第80帧之间的任一帧，在弹出的快捷菜单中选择"创建传统补间"。效果如图5-23所示。

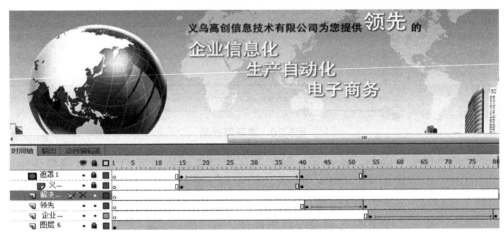

图5-23 "企业…"图层动画效果

（13）显示"解决…"图层，选中第1帧，按住左键拖动帧到第81帧。点击第81帧，按F8键，将其转换为"解决方案"影片剪辑元件。选中第90帧，按F6键插入关键帧。选中第110帧，按F5键插入普通帧。

（14）选择"解决…"图层的第81帧，点击舞台上的"解决方案"实例，打开"属性"面板，在"色彩效果"的"样式"下拉菜单中选择"Alpha"，将"Alpha"值调整为"0"。右击第81帧至第90帧之间的任一帧，在弹出的快捷菜单中选择"创建传统补间"。效果如图5-24所示。

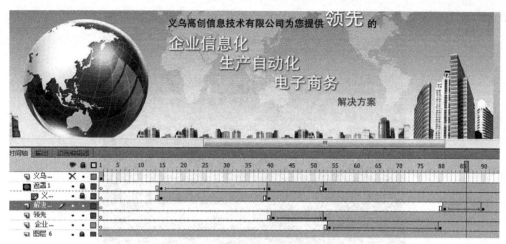

图5-24 "解决…"图层动画效果

（15）按住 Shift 键选择"义乌1""解决…""领先""企业…"图层的第 100 帧，按 F6 键插入关键帧，用同样的方法在这 4 个图层的第 110 帧处也插入关键帧。

（16）先将"义乌1"图层解除锁定。按 Shift 键选中上述 4 个图层的第 110 帧，点击舞台上选中的对象，打开"属性"面板，在"色彩效果"的"样式"下拉菜单中选择"Alpha"，将"Alpha"值调整为"0"。同时选中上述 4 个图层中第 100 帧至第 110 帧之间的任一帧，右击，在弹出的快捷菜单中选择"创建传统补间"。再次锁定"义乌1"图层。

（17）显示"科技…"图层，选中第 1 帧，按住左键拖动帧到第 111 帧。点击第 111 帧，按 F8 键，将其转换为"科技"影片剪辑元件。选中第 131 帧，按 F6 键插入关键帧。选中第 205 帧，按 F5 键插入普通帧。

（18）选择"科技…"图层的第 111 帧，点击舞台上的"科技"实例，打开"属性"面板，添加"模糊滤镜"，设置"模糊 X"和"模糊 Y"均为"10"像素，右击第 111 帧至第 131 帧之间的任一帧，在弹出的快捷菜单中选择"创建传统补间"，效果如图 5-25 所示。

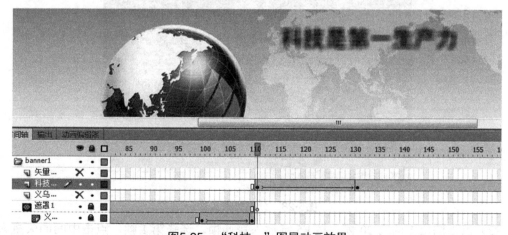

图5-25 "科技…"图层动画效果

（19）显示"矢量…"图层，选中第 1 帧，按住左键拖动帧到第 111 帧。点击第 111 帧，按 F8 键，将其转换为"矢量"影片剪辑元件。选中第 205 帧，按 F5 键插入普通帧。

（20）双击"矢量"影片剪辑元件，进入编辑状态，如图5-26所示。

图5-26 "矢量"影片剪辑元件

（21）选择"套索工具" ![], 点击"魔术棒设置" ![], 将"阈值"设置为"20"，如图5-27所示。点击"魔术棒" ![], 选取黑色矢量人物周边的像素再将其删除，将矢量人物分离出来，如图5-28所示。

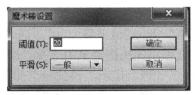

图5-27 魔术棒设置

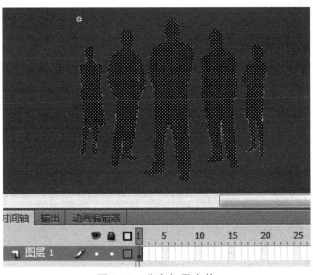

图5-28 分离矢量人物

（22）点击图层1的第20帧，按F5键插入普通帧。选择第1帧，点击中间的矢量人物，如图5-29所示，按Ctrl+C键复制。新建图层2，选择第1帧，按Ctrl+Shift+V键粘贴。使用"颜料桶工具" ![], 将颜色填充为白色，将多余的像素删除，如图5-29所示。

图5-29 选择中间的矢量人物，填充为白色

技巧：Ctrl+Shift+V 键用于将复制的对象粘贴在原来的位置上。

（23）在图层2的第2帧上，右击，在弹出的快捷菜单中选择"插入空白关键帧"（或者按 F7 键）。复制第1帧到第3帧，在第4帧中又插入空白关键帧。

（24）选择图层1的第1帧，点击最右边的矢量人物，按 Ctrl+C 键复制。选择图层2的第5帧，按 F6 键插入关键帧，按 Ctrl+Shift+V 键粘贴。使用"颜料桶工具"，将颜色填充为白色，再删除多余的像素。在第6帧处插入空白关键帧，复制第5帧到第7帧，在第8帧处插入空白关键帧，如图5-30所示。

图5-30 右边矢量人物动画

（25）使用同样的方法制作其他矢量人物的闪烁动画。

（26）新建图层3，在第20帧处插入关键帧，按 F9 键打开"动作"面板，输入"stop();"。至此矢量人物动画制作完毕，如图5-31所示。

图5-31 矢量人物动画帧效果

（27）显示"义乌…"图层（段落文字图层），选中第 1 帧，按住左键拖动帧到第 132 帧。点击第 132 帧，按 F8 键，将其转换为"文字 2"影片剪辑元件。选中第 205 帧，按 F5 键插入普通帧。

（28）在"义乌…"图层上方新建一个"遮罩 2"图层，利用矩形工具制作遮罩层动画，关键帧效果如图 5-32、图 5-33 所示。然后在"遮罩 2"图层上右击，在弹出的快捷菜单中选择"遮罩层"。

图5-32 遮罩动画关键帧效果1

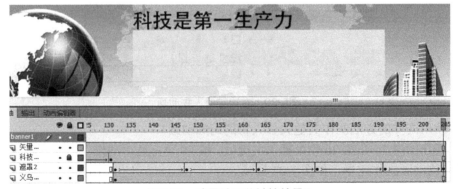

图5-33 遮罩动画关键帧效果2

5.2.3 测试影片及发布

点击"文件"菜单下的"保存"菜单项,将影片进行保存。点击"文件",选择"导出"菜单项下的"导出影片",则导出 SWF 格式的影片。

5.3 Flash个人网站

5.3.1 创意解析

任何一个 Flash 设计师都不会仅仅满足于对零散网站元素的制作,前面制作的 Banner 动画仅仅是纯 Flash 网站中的一个"零件"。在一个网站中,各个零件需要在一个大框架中进行统一,互相协作,彼此联系。

个人网站效果

网站通常是由很多栏目组成的,栏目之间通过菜单进行切换,在 Flash 全站中我们可以制作多种切换方式。就其原理而言,可以大致分为加载外部文件和不加载外部文件两种栏目切换方式。在本例中,我们将学习一种不加载外部文件的栏目切换方式。

本案例是一个个人网站,个人网站主要是向浏览者展现站长的个人风采,内容相对比较简单。页面背景是淡蓝色的气泡纹理,导航条采用简洁的结构并选取了实用的栏目内容,各栏目的出现伴有展开的动态效果,再配上背景音乐和各种音效,很好地展现了站长的技术和个性。

5.3.2 个人网站整体结构设计

首先要设计 Flash 个人网站的结构和效果。当初次打开网站时,将以发光的环形动画加百分比数字形式来显示网站的加载进度,这个进度显示动画还能随鼠标的移动而变换位置,并且伴随着背景音乐,如图 5-34 所示。

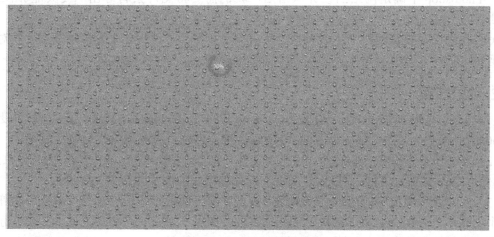

图5-34　Loading动画效果

当页面加载完毕后,将进入网站的首页。首页中间的矩形框中是页面的主要内容,左下角放置一个盆栽,使页面不至于太平板和乏味。矩形框右边显示网站的导航栏目,一共有3个栏目:"关于我""我的相册""联系方式",如图 5-35 所示。

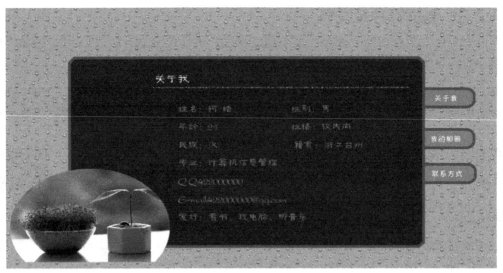

图5-35 首页效果

在网站首页中点击"我的相册"时,网站栏目开始切换。在切换动画过程中,我们将加入各种音效。

5.3.3 个人网站的制作

1. 素材准备

由于 Flash 并不擅长图像的处理,在网站的设计阶段,我们首先在 Photoshop 中设计出不同栏目的显示效果,做好各个栏目的布局。同时,我们还需要构思 Flash 网站各个栏目间切换时的效果。

在 Photoshop 中确定网站的设计风格后,我们需要将图片素材导出,使其能够在 Flash 中使用。

另外我们还需要从网络上下载背景音乐和音效,利用 GoldWave 等音频处理软件对音乐进行剪辑。

2. 动画准备

(1)新建一个 Flash 文件,设置影片舞台尺寸为 1004px×574px,背景颜色设置为 "#000000",帧频为 "24" fps,如图 5-36 所示。将文件以 "个人网站" 命名并保存。

(2)导入图片素材和音乐文件。点击 "文件" 菜单,选择 "导入" 选项下的 "导入到库"(或者使用 Ctrl+R 键),打开 "导入" 面板,选择编辑好的图片和音乐文件导入。

(3)对 "库" 面板中的内容进行整理。点击 "库" 面板下方的 "新建文件夹" 按钮,新建 4 个文件夹,分别命名为 "素材""图形""影片剪辑""按钮",将导入的图片及音乐素材拖曳到 "素材" 文件夹下,如图 5-37 所示。

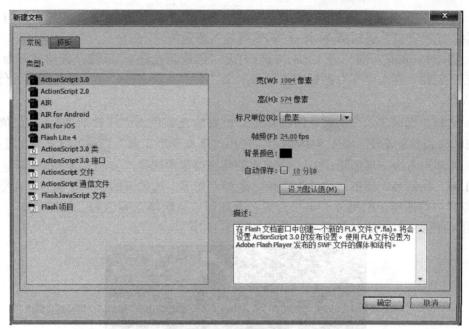

图5-36　文档属性

图5-37　库面板

3. 制作Loading

在显示首页之前，应该在网站开始前加入 Loading 功能，这样能够使浏览用户得知网站的下载进度，否则在打开文件较大的网站时，网速较慢的用户将长时间看不到任何内容，甚至会以为网站出现了问题。在网站的 Loading 制作中，我们需要使 Loading 界面能够尽快显示在舞台上，因此 Loading 界面所在帧的内容应该尽可能精简，以使该帧能够尽快被加载并运行其中的代码。

（1）将"图层1"改名为"背景"，导入"库"面板中的"bg0.jpg"，调整图片的坐标位置为

（0，0），按F8键，将图片转换为"图形"元件，名称为"背景"，存入"库"面板的"图形"文件夹中。在"背景"层的第44帧处按F5键插入普通帧。

（2）制作Loading元件。按Ctrl+F8键，打开"创建新元件"对话框，创建名称为"环形"的"图形"元件，存入"库"面板的"图形"文件夹中。双击打开"环形"图形元件，进入其编辑状态。

（3）选择"椭圆工具" ，绘制环形，设置填充颜色为"线性渐变"，颜色值从50%白色到100%白色的渐变，如图5-38所示。使用"渐变变形工具" 对填充渐变进行调整。

（4）将环形右边一半删除，右击，在弹出的快捷菜单中选择"复制"，复制帧，新建图层2，选择第1帧，粘贴帧。点击"修改"菜单，选择"变形"选项下的"水平翻转"命令，调整图形的位置，与图层1的另外一半拼合成一个环形；重新填充颜色为"线性渐变"，颜色值从50%的白色到0%的白色的渐变，效果如图5-39所示。

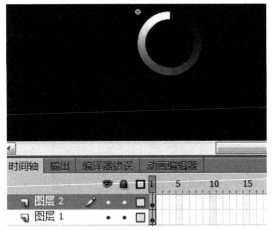

图5-38　颜色设置

图5-39　环形效果

（5）按Ctrl+F8键，打开"创建新元件"对话框，创建名称为"环形"的"影片剪辑"元件，存入"库"面板的"影片剪辑"文件夹中。双击打开"环形"影片剪辑元件,进入其编辑状态,拖入"库"面板中的"环形"图形元件。

(6) 按 Ctrl+F8 键,打开"创建新元件"对话框,创建名称为"环形发光"的"影片剪辑"元件,存入"库"面板的"影片剪辑"文件夹中。双击打开"环形发光"影片剪辑元件,进入其编辑状态,拖入"库"面板中的"环形"影片剪辑元件。

(7) 选择第 1 帧,选中舞台中的"环形"影片剪辑实例,添加"发光"滤镜,设置模糊 X、模糊 Y 的值均为"8"像素,颜色为"#00FFFF",如图 5-40 所示。

(8) 在第 2 帧处插入关键帧,选中舞台中的实例,打开"变形"面板,设置"旋转"角度为"25°",应用变形,如图 5-41 所示。

图5-40 滤镜设置

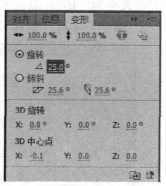
图5-41 "变形"面板

(9) 同样的方法在第 3~14 帧处插入关键帧,分别调整每帧的"旋转"角度,然后将第 1 帧复制到第 15 帧,如图 5-42 所示。

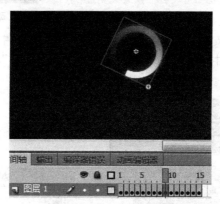
图5-42 环形旋转帧效果

(10) 按 Ctrl+F8 键,打开"创建新元件"对话框,创建名称为"Loading"的"影片剪辑"元件,存入"库"面板的"影片剪辑"文件夹中。双击打开"Loading"影片剪辑元件,进入其编辑状态,拖入"库"面板中的"环形发光"影片剪辑元件。

(11) 在图层 1 的第 10 帧处插入关键帧。选择第 1 帧,点击舞台中的实例对象,打开"属性"面板,将"色彩效果"设置为如图 5-43 所示的值。选择第 10 帧,将"色彩效果"修改为如图 5-44 所示的值。在第 1 帧至第 10 帧之间右击,在弹出的快捷菜单中选择"创建传统补间"。

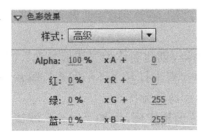 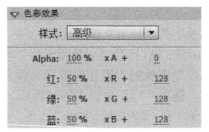

图5-43　第1帧色彩效果设置　　　图5-44　第10帧色彩效果设置

（12）新建图层2。选择"文本工具" ，设置文本属性为"传统文本""动态文本"，设置字体为"Arial"，大小为"10"，颜色为白色。创建一个动态文本框，放在环形的上面，在动态文本框中嵌入"100%"字符。设置实例名称为"txt"，如图5-45、图5-46所示。

图5-45　文本属性　　　图5-46　动态文本框

（13）选中动态文本框，按F8键将其转换为"影片剪辑"元件，名称为"mText"，存入"库"面板的"影片剪辑"文件夹中，并将其舞台实例命名为"mText"，如图5-47所示。"Loading"影片剪辑元件如图5-48所示。

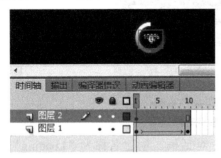 

图5-47　实例名称　　　图5-48　Loading影片剪辑元件帧效果

（14）回到"场景1"，新建图层，并命名为"action"。按F9键打开"动作"面板，输入如图5-49所示代码。

```
1  stop();
2
3  import flash.display.LoaderInfo;
4  import flash.events.ProgressEvent;
5  import flash.text.TextField;
6
7  var myload1:myload = new(myload);
8
9
10 addChild(myload1);
11
12 stage.addEventListener(MouseEvent.MOUSE_MOVE,follow);
13 function follow(e:MouseEvent){
14 myload1.x=stage.mouseX;
15 myload1.y=stage.mouseY;
16 Mouse.hide();
17 }
18
19 myload1.addEventListener(Event.ENTER_FRAME,onEnterFramee);
20
21 function onEnterFramee (event:Event) {
22 if (framesLoaded==totalFrames) {
23 myload1.removeEventListener(Event.ENTER_FRAME,onEnterFramee);
24 stage.removeEventListener(MouseEvent.MOUSE_MOVE,follow);
25 gotoAndPlay(2);
26 myload1.visible=false;
27 Mouse.show();
28 }
29 else {
30 var percent:Number=root.loaderInfo.bytesLoaded/root.loaderInfo.bytesTotal;
31 var m:Number=Math.round(percent*100);
32 myload1.mText.txt.text=m+"%";
33
34 }
35 } //myload1为场景中预设的loading动画的MC名字*/
36
```

图5-49　Loading脚本

（15）这样我们就实现了 Loading 的制作。

4．网页背景制作

（1）在"背景"图层上新建一图层"背景2"，选择"背景2"图层的第2帧，插入关键帧，选择"矩形工具"，设置笔触颜色为"#8E8C06"，填充颜色为"#0C5251"，笔触大小为"5"，设置"矩形选项"中的圆角为"15"，绘制一个圆角矩形，如图 5-50、图 5-51 所示。

图5-50　矩形工具选项

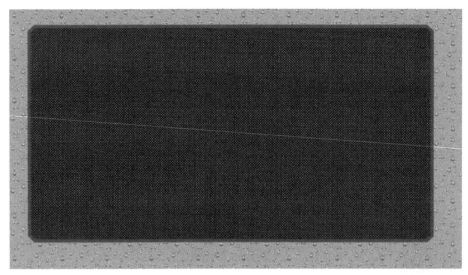

图5-51 绘制矩形

（2）在第 10 帧处插入关键帧，回到第 2 帧，使用"任意变形工具" ，按住 Alt 键缩小矩形，如图 5-52 所示。在第 2 帧至第 10 帧之间右击，在弹出的快捷菜单中选择"创建补间形状"，制作矩形展开动画。

图5-52 缩小矩形

5. 导航按钮制作

（1）制作"关于我"导航按钮。按 Ctrl+F8 键，打开"创建新元件"对话框，创建名称为"关于我 _btn"的按钮元件，存入"库"面板的"按钮"文件夹中。双击打开"关于我 _btn"按钮元件，进入其编辑状态。

（2）在图层 1 的第 1 帧处绘制如图 5-53 所示的图形。选择"矩形工具" ，设置填充颜色为"#BEBB08"，笔触颜色为"#8D8B06"，笔触大小为"5"，矩形选项中设置弧度为"15°"，绘制矩形，然后将左边部分删除。

（3）在第 2 帧处插入关键帧，将图形的填充颜色改为"#74BB08"，笔触颜色改为"#4E7004"，效果如图 5-54 所示。

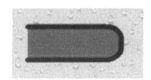 

图5-53 第1帧图形效果　　　图5-54 第2帧图形效果

（4）将第 1 帧复制到第 3 帧，在第 4 帧处插入普通帧。

(5)新建图层2,选择"文本工具" T ,设置文本字体为"迷你简卡通",字体大小为"14",字体颜色为"白色",在图形上输入文字"关于我",如图5-55所示。

(6)在图层2的第2帧处插入关键帧,将文字颜色改为"#8EFFFF",如图5-56所示。

图5-55　第1帧文字效果　　图5-56　第2帧文字效果

(7)将图层2的第1帧复制到第3帧,在第4帧处插入普通帧。

(8)添加按钮音效。在图层2上新建一层"声音",在第2帧处插入关键帧,打开帧的"属性"面板,在"声音"选项的"名称"下拉菜单中选择"Lock Break A.WAV",其他默认,如图5-57所示。

图5-57　"声音"选项

(9)"我的相册"按钮制作。在"库"面板的"按钮"文件夹中选择"关于我_btn"按钮,右击,在弹出的快捷菜单中选择"直接复制",再将按钮名称改为"我的相册_btn"。双击"我的相册_btn"按钮元件,将图层2中的文字改为"我的相册"。同样的方法制作"联系方式"按钮,命名为"联系方式_btn"。

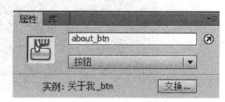

图5-58　按钮实例名

(10)在"背景"图层上方新建一图层"关于我btn",在第16帧处插入关键帧。从"库"面板中拖入"关于我_btn"按钮元件,并将舞台中的实例名改为"about_btn",如图5-58所示。调整按钮实例的位置。

(11)在第21帧处插入关键帧,将"关于我_btn"按钮实例水平平移到背景2的右侧,如图5-59所示,在第16帧至第21帧之间右击,在弹出的快捷菜单中选择"创建传统补间",并在"补间"属性中设置"缓动"为"100",如图5-60所示。

图5-59　按钮位置

图5-60 "缓动"属性

（12）在"关于我btn"图层上方新建图层"相册btn"，在该图层的第21帧处插入关键帧，拖入"库"面板"按钮"文件夹中的"我的相册_btn"按钮元件，将舞台中的实例名改为"photo_btn"，调整按钮实例的位置。

（13）在第25帧处插入关键帧，将"我的相册_btn"按钮实例水平平移到背景2的右侧，如图5-61所示，在第21帧至第25帧之间右击，在弹出的快捷菜单中选择"创建传统补间"，并在"补间"属性中设置"缓动"值为"100"。

图5-61 按钮位置

（14）在"相册btn"图层上方新建图层"联系btn"，在该图层的第26帧处插入关键帧，拖入"库"面板"按钮"文件夹中的"联系方式_btn"按钮元件，将舞台中的实例名改为"contact_btn"，调整按钮实例的位置。

（15）在第31帧处插入关键帧，将"联系方式_btn"按钮实例水平平移到背景2的右侧，如图5-62所示，在第26帧至第31帧之间右击，在弹出的快捷菜单中选择"创建传统补间"，并在"补间"属性中设置"缓动"值为"100"。

图5-62 文字位置

6. "关于我"网页内容的制作

（1）在"背景2"图层上方新建一层"关于我"，在第42帧处插入关键帧。使用"文本工具" ，设置文本字体为"方正古隶简体"，字体大小为"21"，颜色为白色，输入文字"关于我"。选中文字，按F8键将其转换为"关于我_标题"图形元件，存入"库"面板的"图形"文件夹中。调整文字实例的位置，如图5-63所示。

图5-63　文字位置

（2）选中"关于我"实例，按F8键将其转换为"关于我"影片剪辑元件，存入"库"面板的"影片剪辑"文件夹中。双击打开"关于我"影片剪辑，进入编辑状态。

（3）在图层1的第60帧处按F5键插入普通帧，在图层1的上方新建一图层"文字遮罩1"，绘制一个绿色矩形，能够遮住文字。在第9帧处插入关键帧，回到第1帧，使用"任意变形工具" ，向左缩小矩形，在第1帧至第9帧之间右击，在弹出的快捷菜单中选择"创建补间形状"，制作遮罩层动画。在"文字遮罩1"上右击，在弹出的快捷菜单中选择"遮罩层"。

（4）在"文字遮罩1"图层的上方新建一图层"分隔线"。使用"铅笔工具" 绘制一条直线，笔触颜色为"#ADD3D2"，笔触大小为"1"，笔触样式为"点刻线"，如图5-64、图5-65所示。

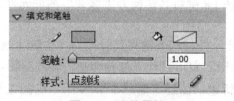

图5-64　直线属性

图5-65　直线效果

（5）在第9帧处插入关键帧，回到第1帧，使用"任意变形工具" ，向左缩短直线，在第1帧至第9帧之间右击，在弹出的快捷菜单中选择"创建补间形状"。

（6）在"分隔线"图层的上方新建一图层"关于我文字"，在第9帧处插入关键帧，使用"文本工具" ，设置文本字体为"方正古隶简体"，字体大小为"18"，颜色为"#A4BFBE"，输入"关于我"的文字内容。选择文字，按F8键将其转换为"关于我内容"图形元件，存入"库"面板的"图形"文件夹中。调整文字实例的位置，如图5-66所示。

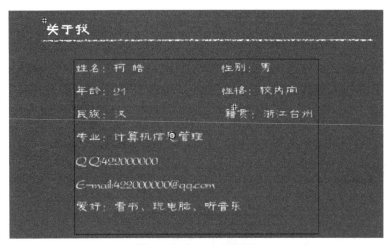

图5-66 文字实例位置

（7）在图层"关于我文字"的上方新建一图层"文字遮罩2"，在第9帧处插入关键帧，绘制一个绿色矩形，能够遮住文字内容。在第21帧处插入关键帧。回到第1帧，使用"任意变形工具"，向上缩小矩形，在第9帧至第21帧之间右击，在弹出的快捷菜单中选择"创建补间形状"，制作遮罩层动画。在"文字遮罩2"上右击，在弹出的快捷菜单中选择"遮罩层"。

（8）按住 Shift 键，选择"文字遮罩2"图层的第1帧到第9帧，按住左键拖动到第7帧，调整文字动画出现的时间。

（9）在"文字遮罩2"图层的上方新建一图层"盆栽"。选择"盆栽"图层的第1帧，将"库"面板"素材"文件夹中的"盆栽.jpg"拖入到舞台左下角，使用"任意变形工具"调整图片大小。选中图片，按F8键将其转换为"盆栽"图形元件，存入"库"面板的"图形"文件夹中。

（10）选中"盆栽"图形元件，按F8键将其转换为"盆栽动画"影片剪辑元件，存入"库"面板的"影片剪辑"文件夹中。双击打开"盆栽动画"影片剪辑，进入编辑状态。

（11）在图层1的上方新建一图层"遮罩1"，使用"椭圆工具"在图片中间绘制一个黑色小圆，如图5-67所示。在第11帧处插入关键帧，使用"任意变形工具"调整椭圆大小，如图5-68所示。在第1帧至第11帧之间右击，在弹出的快捷菜单中选择"创建补间形状"，制作遮罩层动画。在"遮罩1"上右击，在弹出的快捷菜单中选择"遮罩层"。

图5-67 遮罩图形1

项目5 设计交互式网页

图5-68 遮罩图形2

（12）在"遮罩1"图层的上方新建一图层，在第11帧处插入关键帧，按F9键打开"动作"面板，输入"stop();"。

（13）回到"关于我"影片剪辑，在"盆栽"上新建一图层"声音"，打开帧的"属性"面板，在"声音"选项的"名称"下拉菜单中选择"Latch Slide 1.WAV"，其他默认，如图5-69所示。

（14）在"声音"图层的上方新建一图层"as"，在第60帧处插入关键帧，按F9键打开"动作"面板，输入"stop();"。

"关于我"网页内容制作完毕，效果如图5-70所示。

图5-69 "声音"选项

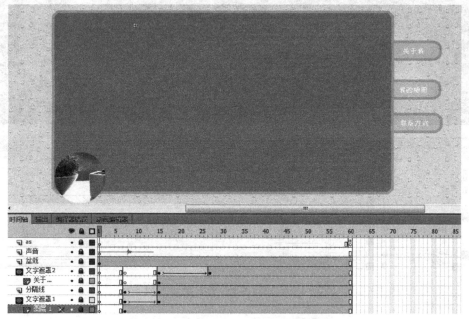

图5-70 "关于我"影片剪辑帧效果

7. 其他网页内容的制作

（1）利用元件"直接复制"的功能，制作出"我的相册""联系方式_标题""联系方式内容""我的相册内容"的图形元件。

（2）在"库"面板"影片剪辑"文件夹中选择"关于我"影片剪辑，右击，在弹出的快捷菜单中选择"直接复制"，复制后将其命名为"我的相册"，双击打开"我的相册"影片剪辑元件进行修改，如图 5-71 所示。

（3）同样的方法制作出"联系方式"影片剪辑元件，效果如图 5-72 所示。

回到场景 1，在"关于我"图层的上方新建一图层"我的相册"，在第 43 帧处插入关键帧。复制"关于我"图层的第 42 帧至"我的相册"图层的第 43 帧，选中舞台中的实例，点击"属性"面板中的"交换元件"按钮，交换为"我的相册"影片剪辑。

（4）在"我的相册"图层的上方新建一图层"联系方式"，在第 44 帧处插入关键帧。复制"关于我"图层的第 42 帧至"联系方式"图层的第 44 帧，选中舞台中的实例，点击"属性"面板中的"交换元件"按钮，交换为"联系方式"影片剪辑。

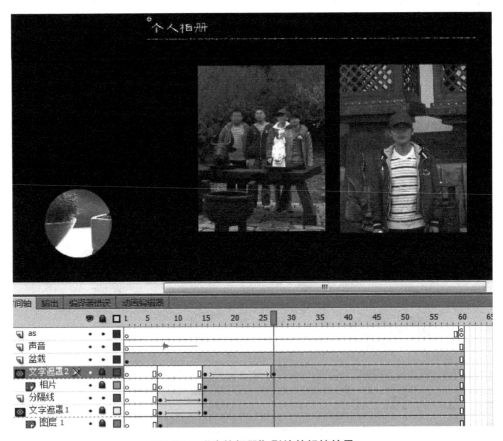

图5-71 "我的相册"影片剪辑帧效果

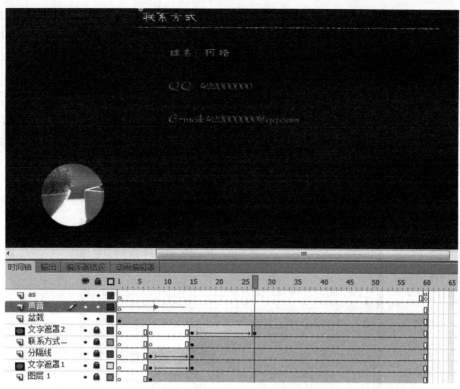

图5-72 "联系方式"影片剪辑帧效果

8. 导航按钮鼠标事件的脚步代码

选择"action"图层的第 42 帧,按 F9 键打开"动作"面板,输入如图 5-73 所示代码。

```
stop();
about_btn.addEventListener(MouseEvent.CLICK, f1);

function f1(event:MouseEvent):void
{
    gotoAndStop(42);
}

photo_btn.addEventListener(MouseEvent.CLICK, f2);

function f2(event:MouseEvent):void
{
    gotoAndStop(43);
}
contact_btn.addEventListener(MouseEvent.CLICK, f3);

function f3(event:MouseEvent):void
{
    gotoAndStop(44);
}
```

图5-73 按钮事件代码

9. 添加背景音乐及音效

(1)添加音效。在"联系方式"图层的上方新建一图层"声音",在第 2 帧处插入关键帧,打开帧的"属性"面板,在"声音"选项的"名称"下拉菜单中选择"Latch Slide 2.WAV",在第 16 帧、21 帧、26 帧处分别插入关键帧,打开帧的"属性"面板,在"声音"选项的"名称"下拉菜单中选择"Button14 (1).wav"。

(2)添加背景音乐。在"声音"图层的上方新建一图层"背景音乐",选择第 1 帧,打开帧的"属性"面板,在"声音"选项的"名称"下拉菜单中选择"湖中雨纯音乐 .mp3",点击"编辑声音封套"按钮,打开"编辑封套"对话框,调整音量调节线,降低音量,如图 5-74 所示。

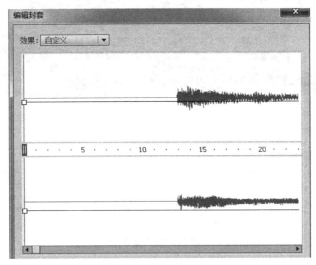

图5-74　"编辑封套"对话框

5.3.4　测试影片及发布

点击"文件"菜单下的"保存"菜单项,将影片进行保存。点击"文件",选择"导出"菜单项下的"导出影片"命令将导出 swf 格式的影片。

5.4　高创公司网站

5.4.1　创意解析

高创公司需要制作一个网站来进行公司形象展示和主要业务介绍等。网站功能简单,文字内容不多,为了使网站生动形象更具吸引力,我们将公司网站制作成全 Flash 网站。

高创公司网站效果

5.4.2　公司网站整体结构设计

该网页动画制作的主题是对高创公司的基本情况、业务范围、服务承诺、联系方式等进行介绍,制作目的是对高创公司进行简单的介绍和宣传。通过网页动画,使人们对高创公司有更多的认识和了解。

该动画整体颜色为蓝色系,与网站的 LOGO 色彩相呼应,色调高贵淡雅。在动画各个子页面中，出现的时间错落有致，又有音乐的配合，节奏感强，动画连贯，创意新颖。

网站参考效果如图 5-75、图 5-76 所示。

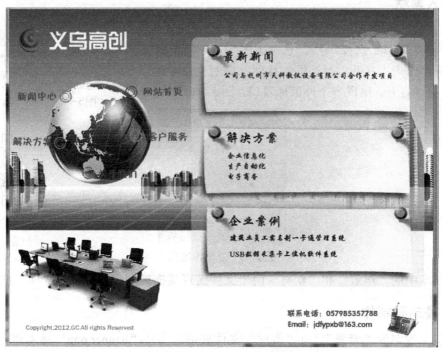

图5-75　网站参考效果图1

图5-76　网站参考效果图2

5.4.3 公司网站的制作

1. 导入素材

新建一个 Flash 文件,设置文档"属性"如图 5-77 所示。

点击"文件"菜单,选择"导入"选项下的"打开外部库"命令,打开"作为库打开"对话框,找到"高创企业网站素材.fla"文件打开,出现一个外部库窗口,图 5-78 所示。

图5-77 文档"属性"

图5-78 外部库窗口

网站制作提示

将外部库中的"声效"和"素材"两个文件夹直接拖曳到当前文件的"库"面板中。

2. 背景动画制作

将图层 1 改名为"背景"。将"素材"文件夹中的图片"banner.png"拖入舞台中,与舞台上方对齐,并将之转换为"背景"图形元件。设置图形元件的透明度从"0"到"100"变化,制作背景的出现动画,动画长度为 31 帧。

3. LOGO动画制作

利用遮罩动画制作 LOGO 出现的动画效果,动画长度为 26 帧。为了增强动画的错落感,将 LOGO 动画的出现时间设置在第 20 帧开始。

4. 椅子动画制作

将"桌椅.png"拖入到舞台的左下角,再将其缩小为适当大小后,转换为名为"椅子"的图形元件。利用"创建补间动画"制作椅子的出现动画,调整帧属性的 Alpha 值。

5. 导航按钮动画制作

先制作"导航"影片剪辑元件,注意给舞台中的导航按钮实例命名,如图 5-79 所示。利用遮罩动画制作导航按钮出现的动画效果。

图5-79 按钮实例名

6. 透明背景动画制作

利用传统补间动画制作透明背景盒状展开的动画效果,如图 5-80 所示。

图5-80 透明背景动画帧效果

7. 联系方式动画制作

利用遮罩动画制作联系方式出现的动画效果,如图 5-81 所示。

图5-81 联系方式动画帧效果

8. 网页内容动画制作

将首页内容制作成"首页内容"影片剪辑元件,其他页面的内容可以利用"直接复制"元件和"交换"元件来制作。

在"首页内容"影片剪辑元件的制作中,主要使用"创建补间动画"来制作,通过调整舞台中实例的位置、颜色、滤镜等属性来制作各种动画效果。

在元件的最后一帧添加"stop();"脚本,效果如图 5-82 所示。

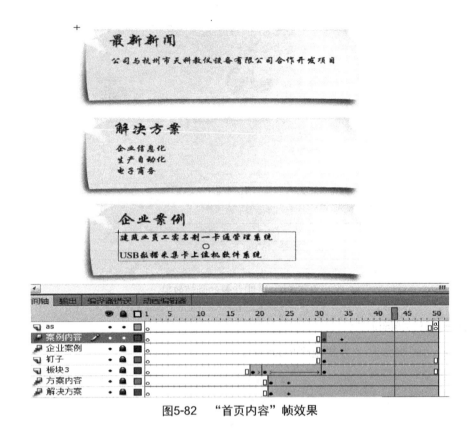

图5-82 "首页内容"帧效果

9. 导航按钮的脚本代码

在场景 1 的最上层创建 "as" 层。在第一个网页内容出现的对应帧——第 79 帧处插入关键帧，打开"动作"面板，输入如图 5-83 所示代码。

```
stop();
nav.index_btn.addEventListener(MouseEvent.CLICK,index);
//侦听"网站首页"按钮的鼠标单击事件
function index(event:MouseEvent):void{
    gotoAndStop(79);   //跳转并停止在第79帧
}
nav.jjfa_btn.addEventListener(MouseEvent.CLICK,jjfa);
//侦听"解决方案"按钮的鼠标单击事件
function jjfa(event:MouseEvent):void{
    gotoAndStop(80);   //跳转并停止在第80帧
}
nav.khfw_btn.addEventListener(MouseEvent.CLICK,khfw);
function khfw(event:MouseEvent):void{
    gotoAndStop(81);   //跳转并停止在第81帧
}
nav.xwzx_btn.addEventListener(MouseEvent.CLICK,xwzx);
//侦听"新闻中心"按钮的鼠标单击事件
function xwzx(event:MouseEvent):void{
    gotoAndStop(82);   //跳转并停止在第82帧
}
nav.gywm_btn.addEventListener(MouseEvent.CLICK,gywm);
//侦听"关于我们"按钮的鼠标单击事件
function gywm(event:MouseEvent):void{
    gotoAndStop(83);   //跳转并停止在第83帧
}
```

图5-83 导航按钮事件脚本

高创公司网站场景1的效果如图5-84所示。

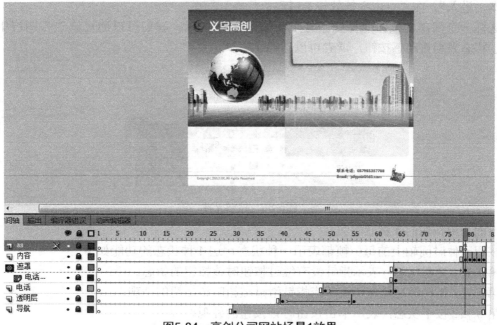

图5-84　高创公司网站场景1效果

5.5　知识点拓展

5.5.1　按钮元件

1. 创建按钮元件

按钮元件实际上是一个4帧的交互式影片剪辑,如图5-85所示。当在创建元件选择按钮类型时,Flash会创建一个4帧的时间轴。前3帧显示按钮的3种可能状态,第4帧则定义按钮的活动区域。如果要使一个按钮具有交互性,可以把该按钮元件的一个实例放在舞台上,然后给该实例指定动作。注意,必须将动作指定给文档中的按钮实例,而不是按钮时间轴中的帧。

认识按钮元件

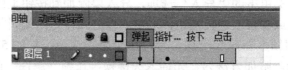

图5-85　按钮元件时间轴

下面以制作一个"进入"按钮为例来说明按钮元件的建立。

(1) 点击"插入"菜单,选择"新建元件"选项,打开"创建新元件"对话框,命名新元件的名称为"进入",类型为"按钮"。点击"确定"按钮进入按钮元件的编辑状态。

(2) 选中图层1的"弹起"帧,使用"椭圆工具"绘制一个橙色的椭圆。在"点击"帧处按F5键。

（3）新建一个图层2，选中"弹起"帧，使用"文字工具"，设置文字的属性，输入文本"进入"。在"点击"帧处按F5键。

这样一个简单的按钮元件就做好了，如图5-86所示。我们可以通过修改各图层中各帧的显示状态来制作动感按钮，读者可以自己试一试。

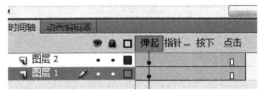

图5-86 按钮元件

下面介绍按钮的4种状态。

按钮元件时间轴上的每一帧都表示一种状态，这4种状态的功能如下。

第1帧：弹起状态，表示指针没有经过按钮时该按钮的状态。

第2帧：指针经过状态，表示当指针滑过按钮时该按钮的外观。

第3帧：按下状态，表示单击按钮时该按钮的外观。

第4帧：点击状态，定义响应鼠标点击的区域。只要在Flash Player中播放SWF文件，此区域便不可见。如果没有在"点击"帧指定区域，则显示在"弹起"帧中的对象就作为响应鼠标事件的区域。

可以使用影片剪辑元件或按钮元件创建按钮。两类按钮各有所长，应该根据需要选取。使用影片剪辑创建按钮，可以添加更多的帧，还可以包含任何类型的内容，如动画。但是，影片剪辑按钮的文件大小要大于按钮元件。

可以在按钮中使用图形元件或影片剪辑元件，但不能在按钮中使用另一个按钮。如果要把按钮制成动画按钮，则可以使用影片剪辑元件。

2. 给按钮附加声音

在Flash中通过给按钮元件的不同状态附加声音，可以为按钮加入声效。为按钮添加声音的操作步骤如下：

（1）使用"文件"菜单下的"导入"选项，导入要附加到按钮上的声音文件。

（2）从"库"面板或舞台上选择按钮，双击，以进入按钮的编辑状态。

（3）在按钮的时间轴上新建一个层，专门用于附加声音。如图5-87中图层2的"指针经过"帧中附加了声音。附加方法为，先插入关键帧，在帧"属性"面板中，在"声音"选项的"名称"下拉菜单中选择要附加的声音文件即可。

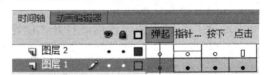

图5-87 给按钮某帧附加声音

5.5.2 ActionScript 3.0 脚本的应用技巧

1. ActionScript简介

本节主要针对 Flash 中的按钮事件来介绍 ActionScript 3.0 的书写规则和事件侦听。

认识ActionScript 3.0

ActionScript 是针对 Adobe Flash Player 运行时环境的编程语言，它在 Flash 内容和应用程序中实现了交互性、数据处理和其他许多功能。

ActionScript 3.0 是最新且最具创新性的 ActionScript 版本，与 ActionScript 2.0 和 1.0 有本质上的不同，是一种功能强大的、面向对象的、具有业界标准素质的编程语言。它是 Flash Player 运行时功能发展中的重要里程碑。

2. "动作"面板概述

"动作"面板是 Flash 程序的编程环境。使用该面板可以开发与编辑 ActionScript 脚本程序。

选择帧可以激活"动作"面板。方法为：选择帧，点击"窗口"菜单下的"动作"选项，或者按 F9 键，即可打开"动作"面板，如图 5-88 所示。

初学者可以点击工具栏中的"代码片断"按钮 代码片断，添加辅助代码。

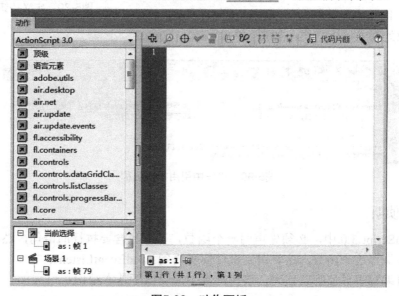

图5-88 动作面板

3. ActionScript 3.0变量命名规则

（1）尽量使用有含义的英文单词作为变量名，能做到见名知意。

使用英文单词命名变量，可以表明变量的意义。例如：address，这个变量存储的应该是地址；title 存储的应该就是标题。

（2）变量名采用骆驼命名法。

骆驼命名法是指混合使用大小写字母来构成变量和函数的名字，一般是第一个单词的首字母小写，后面的单词首字母大写，看起来像骆驼。骆驼命名法经常用于几个单词组合使用的情况。比如：userName，由 user 和 name 构成，表示用户名。又如，highLevelFlag，由 high、level、flag 构成。

（3）尽量避免变量名中出现数字编号。

除非逻辑上需要数字编号，否则不要出现类似 ID1、ID2、ID3…这样的变量名。用编号命名看不出该变量所代表的意义。

尤其需要注意的是命名时要把字母放在前面，特殊符号大多不能用做变量，Flash 中的关键字不能用做变量，比如 var、if 等。

4. 在哪里写入代码

ActionScript 3.0 不同于 ActionScript 2.0，ActionScript 2.0 可以在时间轴、按钮、影片剪辑元件中写入代码，而 ActionScript 3.0 脚本只能写在时间轴上的某一帧，或者直接写在 ActionScript 外部文件中，然后引入外部文件。另外，在 ActionScript 3.0 脚本中对需要调用的对象，必须提前在其属性中定义好名称。比如给"PLAY 按钮"定义名称为"start_btn"，如图 5-89 所示，以便能在按钮触发事件代码中能够引用该按钮，比如在代码图层的某一帧处写入以下代码，如图 5-90 所示。

图5-89　定义按钮名称

图5-90　代码中引用按钮名称

5. 事件侦听

在 ActionScript 3.0 中，必须先声明一个函数，其中包含要执行的语句，然后用事件对象来侦听事件并调用这个函数，这将用到事件侦听语句：addEventListener。

无论何时编写事件侦听器代码，该代码都会采用以下基本结构：

```
function eventResponse (eventObject:EventType):void
        (函数名称)  (事件类型)
{
// 此处是为响应事件而执行的动作。
}
eventTarget.addEventListener (EventType.EVENT_NAME,eventResponse);
(事件对象)                    (事件类型 . 名称  函数名称)
```

事件侦听的方法如图 5-91 所示。

项目5 设计交互式网页

```
function f1(evt:MouseEvent){          //先声明一个函数f1,其中包含了要执行的代码。
    gotoAndPlay(1,"场景 2");          //响应事件要执行的动作
}
//对鼠标事件进行定义
start_btn.addEventListener(MouseEvent.CLICK,f1);
//用bt_mc元件来侦听鼠标单击事件,并调用f1
```

图5-91　事件侦听

6. 常用的鼠标事件

在ActionScript 3.0之前的语言版本中,常常使用on(press)或者onClipEvent(mousedown)等方法来处理鼠标事件。而在ActionScript 3.0中,统一使用MouseEvent类来管理鼠标事件。在使用过程中,无论是按钮还是影片事件,统一使用addEventListener注册鼠标事件处理程序。此外,若在类中定义鼠标事件,则需要先引入(import)Flash.events.MouseEvent类。

MouseEvent类定义了10种常见的鼠标事件,具体介绍如下。
CLICK:定义鼠标点击事件　　DOUBLE_CLICK:定义鼠标双击事件
MOUSE_DOWN:定义鼠标按下事件　　MOUSE_MOVE:定义鼠标移动事件
MOUSE_OUT:定义鼠标移出事件　　MOUSE_OVER:定义鼠标移过事件
MOUSE_UP:定义鼠标提起事件　　MOUSE_WHEEL:定义鼠标滚轴滚动触发事件
ROLL_OUT:定义鼠标滑入事件　　ROLL_OVER:定义鼠标滑出事件
如图5-92所示的代码中定义了按钮的鼠标触发事件。

```
function f1(evt:MouseEvent){          //先声明一个函数f1,其中包含了要执行的代码
    gotoAndPlay(1,"场景 2");          //响应事件要执行的动作
}
//对鼠标事件进行定义
start_btn.addEventListener(MouseEvent.CLICK,f1);
//用bt_mc元件来侦听鼠标单击事件,并调用f1
```

图5-92　鼠标事件

7. "代码片断"的使用

对于初学者来说,要很快掌握ActionScript 3.0的语法及编程方法可能会比较困难,在这里给大家介绍一下"代码片断"的使用,让大家能够快速应用ActionScript 3.0脚本来制作各种按钮、时间轴交互动作。下面以"PLAY"按钮为例来进行介绍。

(1)首先给"PLAY"按钮定义名称为"start_btn",这一步非常重要。

(2)选中舞台中的"PLAY"按钮,点击右侧工具箱中的"代码片断"按钮，弹出"代码片断"面板中的内容,如图5-93所示。

(3)单击"时间轴导航",选择"单击以转到帧并播放",如图5-94所示。

图5-93　"代码片断"面板

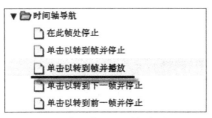

图5-94 代码片断中的"时间轴导航"选项

（4）双击"单击以转到帧并播放"，将弹出"动作"面板，并生成一段辅助代码，在"时间轴"面板上会新增一层"Actions"，自动生成的代码效果如图5-95所示。

图5-95 自动生成的代码效果

（5）现在要做的只是修改其中的代码即可。比如要通过点击"PLAY"按钮，跳转到"场景2"的第1帧并继续播放，只需要将"gotoAndPlay(5)"修改为"gotoAndPlay(1,"场景2")"即可。

采用同样的方法，我们可以用"代码片断"面板中的其他选项来创建各种交互动作。

5.5.3 Loading的制作方法

在ActionScript 3.0中，我们通常采用两种方法来制作Loading。一种方法是回到时间轴中，将主文件的内容全部移动到文件的第2帧，并在文件的第1帧中制作Loading界面和代码。这样，第1帧的内容能够较快地被加载并显示出来，并执行相应的Loading代码。书中的案例采用的就是这种方法。但这种方法也存在一些问题。当Flash的库中存在链接元件，并且这些元件选择了默认的"在第一帧导出"选项时，Flash文件的第1帧除导出Loading内容，还将导出这些链接的元件，这将加大第1帧中容纳的数据量，使第1帧的加载时间加长。此时需要更改所有链接元件的默认选项，取消选择"在第一帧导出"选项，并将这些元件放置在第1帧之后的其他帧中，使其位于舞台之外，以确保它们不会在输出时显示在屏幕中，这样，才能使这些元件既不会在第1帧中导出，也能够在文件中被动态创建。对于初学ActionScript 3.0的读者而言，这种方法比较容易理解和掌握。

另外一种方法是制作一个外壳文件。在该文件中，只存在Loading界面和代码，因此文件非常精简，加载速度也很快。在外壳文件中，加载Flash主文件，这样外壳文件就能够精确地显示出主文件的下载进度，免去了在主文件中更改导出设置的步骤。在Flash主文件中，我们可以专注于内容的呈现，而不用考虑主文件的内容变化对Loading效果的影响。对于熟悉ActionScript 3.0脚本的读者推荐使用这种方法。

5.5.4 Loading代码解析

Flash 个人网站中应用了 Loading 动画,动画使用 ActionScript 3.0 脚本制作,具体代码如图 5-96 所示。

图5-96　Loading动画代码

第 3～5 行代码表示导入 Flash 包库中的类文件。

第 7 行代码用于声明一个新的 myload 类实例,并用 new() 来构造它,myload1 是新建的 Loading 影片剪辑元件实例,在元件的属性中定义的名称。这个步骤很重要。

第 10 行代码 addChild() 方法用于将"库"面板中的影片剪辑元件显示到舞台中。

第 12 行代码表示一个侦听事件。

第 14、15 行代码用于定义 Loading 影片剪辑元件的坐标位置与舞台中鼠标的坐标位置一致。

第 16 行代码 Mouse.hide() 方法用于隐藏鼠标指针,对应的 Mouse.show() 方法用于显示鼠标指针。

第 32 行代码中的 mText 是将动态文本框转换为图形元件的实例名,txt 是动态文本框的名称。

5.5.5　Flash打开外部库

Flash 能导入图形、图像、声音、视频等外部文件,包括有层的 psd、ai 格式,也可以导入其他 fla 文件中的库内容,实现"库"面板中内容的共享。

实现方法为:点击"文件"菜单,再选择"导入"选项下的"打开外部库"命令,打开

"作为库打开"对话框,选择相应的 fla 文件即可,可以直接将外部库中的内容拖曳到当前文件中使用。

5.5.6 补间动画设计

Flash 支持两种不同类型的补间以创建动画。除了前面介绍的传统补间,还有补间动画,其功能强大且易于创建。通过补间动画可以对补间的动画进行最大程度的控制,包括2D旋转、3DZ 位置、3DX、Y、Z 旋转等。

补间动画以元件对象为核心,一切补间的动作都是基于元件的。因此,在创建补间动画之前,首先要在舞台中创建元件,作为起始关键帧中的内容。

1. 补间动作动画

以拓展实训项目中"首页内容"影片剪辑元件中的"新闻标题"动画制作为例,如图 5-97所示。应用了"补间动作动画"图层前的图标与普通图层图标有所区别,另外,补间范围中的所有帧为蓝色,菱形的帧为"属性关键帧",该帧与普通"关键帧"不同,它里面是没有内容的,只有属性。

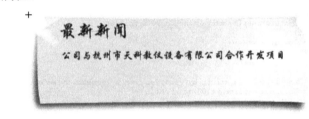

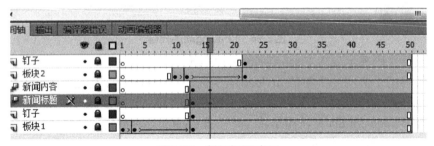

图5-97 新闻标题动画

(1) 新建"新闻标题"图层,在第 13 帧处插入关键帧,输入文字,并将文字转换为影片剪辑元件。

(2) 右击第 13 帧,在弹出的快捷菜单中选择"创建补间动画"命令,此时,Flash 将包含补间对象的图层转换为补间图层,并在该图层中创建补间范围(蓝色显示)。

(3) 右击第 16 帧,在弹出的快捷菜单中选择"插入关键帧"下的"全部"命令,在补间范围内插入一个菱形的属性关键帧。回到第 13 帧,将对象向右拖动,显示补间动画的运动路径。选择第 13 帧,调整对象的"Alpha"值为"0",选择第 16 帧,调整对象的"Alpha"值为"100"。

2. 更改运动路径

早期的 Flash 版本不允许用户编辑补间动画的运动路径，只能按照直线轨迹运动，如果希望补间动画以曲线轨迹运动，则必须使用引导线。

在 Flash CS5 及以上的版本中，补间动画的运动路径以辅助线的形式显示出来，并允许用户使用选择工具对其进行修改。

在"时间轴"面板中选择补间动画，然后在舞台中查看补间动画的运动路径，如图 5-98 所示。

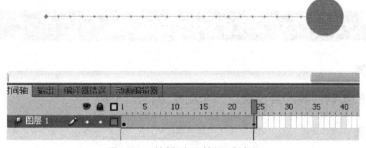

图5-98 补间动画的运动路径

点击"选择工具" ，将鼠标移动至运动路径上方，当鼠标光标切换为 时，即可拖动补间动画的运动路径，如图 5-99 所示。

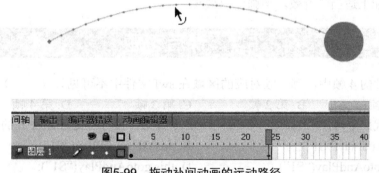

图5-99 拖动补间动画的运动路径

3. 传统补间与补间动画的差异

（1）传统补间使用关键帧来创建动画，关键帧是其中显现对象实例的帧。而补间动画只能具有一个与之关联的对象实例，并使用的是属性关键帧而不是关键帧。

（2）补间动画在整个补间范围上由一个目标对象组成。

（3）补间动画和传统补间都只允许对特定类型的对象进行补间。若应用补间动画，则在创建补间时会将一切不允许的对象类型转换为影片剪辑，而应用传统补间会将这些对象类型转换为图形元件。

（4）补间动画会将文本视为可补间的类型，而不会将文本对象转换为影片剪辑。传统补间会将文本对象转换为图形元件。

（5）在补间动画范围上不允许添加帧脚本，传统补间允许添加帧脚本。

（6）能够在时间轴中对补间动画范围进行拉伸和调整大小，并将它们视为单个对象。

（7）对于传统补间，缓动可应用于补间内关键帧之间的帧组。对于补间动画，缓动可应用于补间动画范围的整个长度。若要仅对补间动画的特定帧应用缓动，则需要创建自定义缓动曲线。

（8）只能够使用补间动画来为 3D 对象创建动画效果，无法使用传统补间为 3D 对象创建动画效果。

（9）对于补间动画，无法交换元件或设置属性关键帧中显现的图形元件的帧数。应用了这些技术的动画要求使用传统补间。

5.6 拓展练习

1. 项目任务
请根据本节的实训内容，自行设计一个动漫工作室网站。

2. 设计要求
- 使用 ActionScript 3.0 制作 Loading 动画。
- 网站色彩搭配应合理。
- 画面美观，网站中各页面动画流畅，活泼，有节奏。
- 给动画配上适当的音效，增强动感效果。

5.7 课后习题

1. 按钮元件的 4 帧中，哪一帧对应的区域在 swf 文件中不可见？（　　）
   A. 第 1 帧　　　　B. 第 2 帧　　　　C. 第 3 帧　　　　D. 第 4 帧
2. 下面的代码中，控制当前影片剪辑元件跳转到"S1"帧标签处开始播放的代码是（　　）。
   A. gotoAndPlay("S1");　　　　B. this.GotoAndPlay("S1");
   C. this.gotoAndPlay("S1")　　　D. this.gotoAndPlay("S1");
3. 要复制对象并移动副本，可以按住（　　）键。
   A. Shift　　　　B. Alt　　　　C. Ctrl　　　　D. 空格
4. 打开动作面板的快捷键是（　　）。
   A. F8　　　　B. F9　　　　C. F10　　　　D. F11
5. 下列选项中不属于 Flash 的时间轴控制函数的是（　　）。
   A. gotoAndPlay()　　B. stop()　　C. gotoFrame()　　D. nextFrame()
6. 下列选项中，对 ActionScript 3.0 中标点符号的描述正确的是（　　）。（多选题）
   A. ";" 通常用来终止语句，ActionScript 3.0 的语句以分号字符结束
   B. "," 主要用于分割参数
   C. ":" 主要用于为变量指定数据类型
   D. "{}" 主要用于数组的定义和访问

7. 下列选项中，描述正确的是（　　）。（多选题）
   A. for 循环用于循环访问某个变量以获得特定范围的值
   B. if 条件语句是通过判断条件表达式的值为 true 或者 false，来确定是否执行某一条语句
   C. switch 语句中，如果没找到任何匹配的值，就执行 default 后的执行语句
   D. if 条件语句主要包括单向判断语句和双向判断语句

习题5答案

项目 6

制作动画短片

6.1 行业知识导航

Flash 动画短片因制作过程相较其他动画制作方式更为简单、便捷，短片内容以搞笑、创新创意为主，受到广大 Flash 爱好者的喜欢。与电子贺卡和音乐 MV 相比，动画短片更强调剧情和场景。

动画短片的制作需要三大环节：前期的准备即设计、筹划阶段；中期的绘制阶段；后期的合成输出阶段。整个创作过程涉及剧本的编写和分镜头脚本的绘制；造型、场景、动作的设计；音乐的编创等。

6.2 鼹鼠乐乐的故事

6.2.1 创意解析

这是一只戴着眼镜的鼹鼠，名字叫乐乐。

鼹鼠的拉丁文学名含有"掘土"的意思。它的身体完全适应地下的生活方式，前脚大而向外翻，并长着有力的爪子，像两只铲子；它的头紧接肩膀，看起来好像没有脖子，整个骨架矮而扁，跟掘土机很相似。鼹鼠成年后，眼睛深陷在皮肤下面，视力完全退化。

鼹鼠乐乐动画的发布网址为 http://www.ppoqq.com/，部分效果如图 6-1 所示。

动画短片效果

项目6 制作动画短片

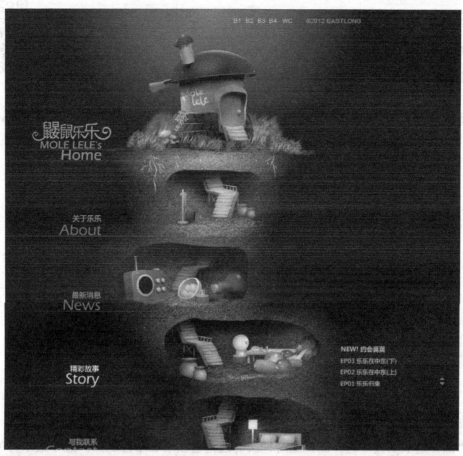

图6-1 动画效果

6.2.2 角色绘制

1. 绘制乐乐

新建文件,另存为"鼹鼠乐乐"文件,将图层 1 重命名为"乐乐头"。新建图形元件,并命名为"乐乐",用"椭圆绘制工具"按住 Shift 绘制一个圆,设置填充颜色效果为"径向渐变",颜色值从左到右分别是"#DFE2D9""#ABB49A""#6F735B",效果如图 6-2 所示。

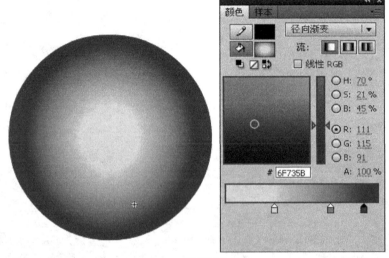

图6-2 椭圆渐变效果

用"部分选取工具"选择圆,这时椭圆外边框会出现 8 个控制点,选中最下方的一个控制点并按 Delete 键删除,用"渐变变形工具"调整填充效果,将图形适当压扁拉大,中心点上移,效果如图 6-3 所示。选中图形,将它转换为图形元件,并命名为"乐乐头",这就完成了乐乐头的绘制。

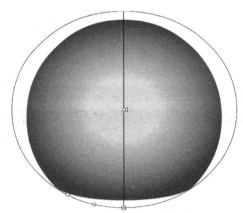

图6-3 调整椭圆渐变效果

新建图层 2 并重命名为"鼻子",用于绘制乐乐的鼻子。用"椭圆绘制工具"绘制一个椭圆,设置填充颜色效果为"径向渐变",颜色值从左到右分别是"# E7887E""# D34623",

效果如图6-4所示。

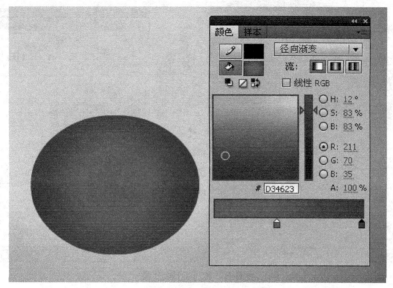

图6-4 鼻子的外形

再用"椭圆绘制工具"绘制一个椭圆，作为鼻子的高光部分。设置填充颜色效果为"线性渐变"，颜色为白色，左边透明度为"100%"，右边透明度为"0%"，然后选中图形，按Ctrl+G键将图形转换为一个组合对象，放置到适当的位置，效果如图6-5所示。

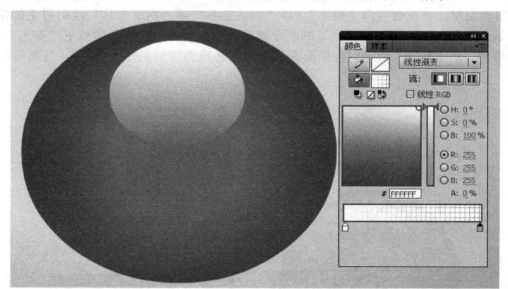

图6-5 绘制鼻子高光

用"椭圆绘制工具"绘制一个椭圆，作为鼻子下面的阴影，设置填充颜色效果为"径向渐变"，颜色为黑色，从左到右透明度分别是"30%""0%"，效果如图6-6所示。同时选中"鼻子"图层的鼻子外形、高光和阴影3个图形，将它们转换为图形元件"鼻子"。

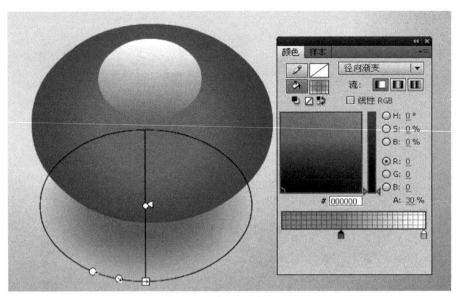

图6-6　鼻子阴影设置

新建图层3并重命名为"眼睛",选择"基本椭圆工具",颜色设置为黑色,在鼻子左上角绘制一个正圆,调整到适当大小后,按住Alt键拖动圆形,复制一个,放到鼻子右上角。选中2个圆,将其转换为图形元件,并命名为"眼睛",这样就完成了眼睛的绘制,效果如图6-7所示。

新建图层,并重命名为"眉毛",用"线条工具"或"钢笔工具"绘制眉毛的轮廓,并将填充颜色设为"#333333",复制一个到另一侧,选择"修改"菜单下"变形"下拉菜单中的"水平翻转"命令,选中两个眉毛将之转换为图形元件"眉毛",效果如图6-8所示。

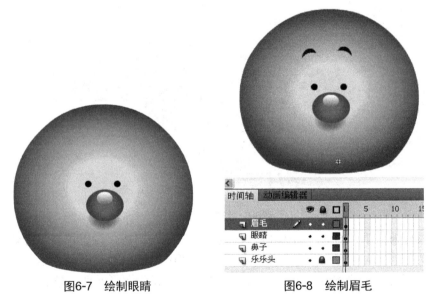

图6-7　绘制眼睛　　　　　　　　图6-8　绘制眉毛

新建图层并重命名为"嘴巴",用"椭圆工具"绘制一个椭圆,再用"选取"工具删除上面部分，设置填充颜色为"径向渐变"，颜色从左到右分别为"#FF6666""#370000"，并用"渐变变形工具"调整填充效果，效果如图6-9所示。

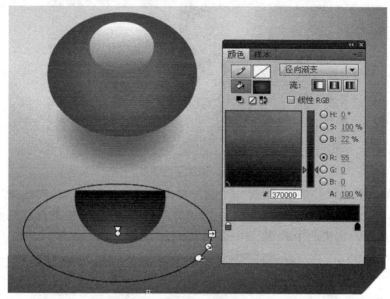

图6-9 绘制嘴巴

用"线条工具"在嘴上画三根线条，与嘴巴上边缘组成牙齿形状，设置填充颜色为"径向渐变"，颜色块值从左到右分别为"#FFFFFF""#ABB49A""#636853"，然后用"渐变变形工具"调整填充效果，最后删除线条。选中嘴巴和牙齿，按Ctrl+G键将它们组合，效果如图6-10所示。

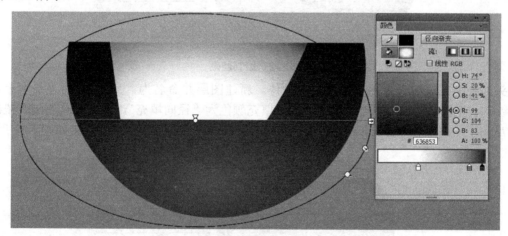

图6-10 添加牙齿

接下来绘制下巴阴影。绘制一个椭圆，用"选取工具"选中椭圆的上半部分并删除，设置填充颜色为"径向渐变"，颜色块值从左到右依次是透明度为"0%"的"#DFE2D9"、透明度为"100%"的"#ABB49A"、透明度为"100%"的"#9BA389"，用"渐变变形工具"调整填充效果，效果如图6-11所示。选中"嘴巴"图层的所有内容，将之转换为"嘴巴"图形元件。

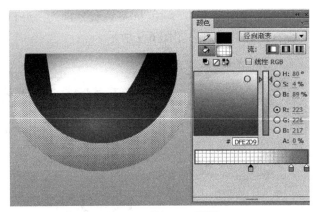

图6-11 添加下巴阴影

新建图层并命名为"脸颊",绘制一个圆,并设置填充颜色为"径向渐变",颜色块值均为"#FF0000",颜色透明度从左到右依次为"20%""0%"。复制一个并拖放到鼻子的另一边,效果如图 6-12 所示,选中两个脸颊,将它们转换为"脸颊"图形元件。

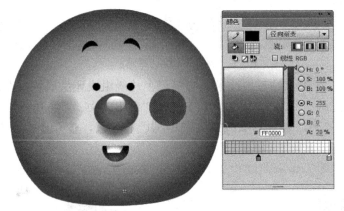

图6-12 绘制脸颊

头部绘制完成后,接下来绘制乐乐身体。新建图层并命名为"身体",用"基本矩形工具"绘制一个圆角为50°的圆角矩形,设置填充颜色为"径向填充",颜色块从左到右依次为"#6F735B""#ABB49A""#DFE2D9",用"渐变变形工具"调整填充效果,效果如图 6-13 所示。

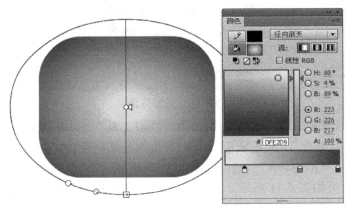

图6-13 乐乐身体初步轮廓

项目6 制作动画短片

打开"任意变形工具"的"扭曲"选项,用鼠标将上边的两个角往中间移动,变成一个梯形;再用"线条工具"在梯形四分之一高度的地方绘制一条直线,并用"选取工具"将直线变为向下弯的曲线,然后删除曲线上面部分的形状和曲线,过程效果如图6-14所示。选中图形,将其转换为"身体"图形元件,将身体放到头部下方适当的位置。

图6-14 身体轮廓调整

新建图层并命名为"左手",用"钢笔工具"绘制一个如图6-15所示的手的形状,并填充颜色为"径向渐变",颜色块从左到右分别为"#AEB79E""#6F735B",复制图形。新建图层并命名为"右手",粘贴刚才复制的图层,选择"修改"菜单下"变形"下拉菜单中的"水平翻转"命令,并调整位置。分别选中图形将它们转变为图形元件"左手""右手"。将"右手""左手"图层拖到"身体"图层的下方,如图6-15所示。

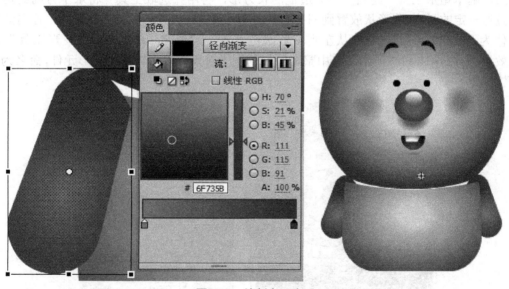

图6-15 绘制左、右手

接下来绘制乐乐的围巾。新建图层并命名为"围巾",用"钢笔工具"或"线条工具"绘制一个如图6-16(a)所示形状的围巾,设置填充颜色为"径向渐变",颜色块从左到右依次为"#DD3422""#912D22",删除线条,用"渐变变形工具"调整填充效果,如图6-16(b)所示。

181

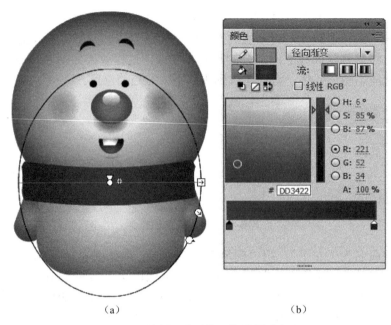

图6-16 绘制围巾形状和设置围巾颜色

用"基本矩形工具"绘制一个无边框的长方形,再用"选取工具"将水平方向的两条线向下拉弯一定的弧度,将形状放置到图6-17(a)所示位置,设置形状填充颜色为"径向渐变",色块值为"#FFFF00",透明度从左到右依次是"68%""0%",并用"渐变变形工具"调整填充效果,如图6-17(b)所示。选中整个图层的围巾对象并将之转换为图形元件,命名为"围巾1"。

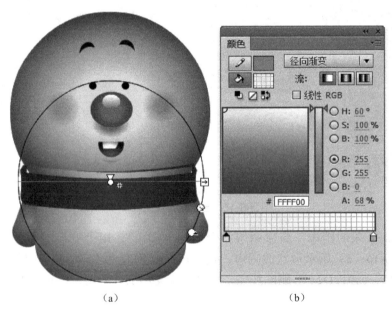

图6-17 调整围巾长条的形状和围巾长条的颜色

新建图层并命名为"围巾2",绘制如图6-18所示的形状,设置填充颜色为"线性渐变",颜色值从左到右依次为"#DD3422""#912D22",再用"渐变变形工具"调整填充效果如图6-18所示,选中围巾并将之转换为图形元件,命名为"围巾2"。

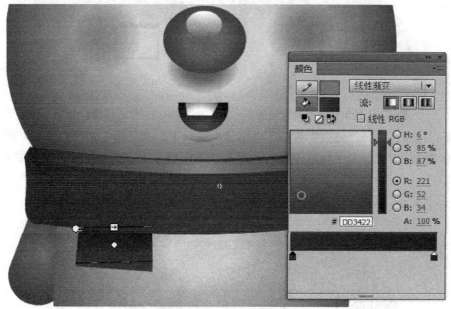

图6-18 绘制围巾2

绘制完成的乐乐角色如图6-19所示。

图6-19 乐乐角色效果

2. 绘制乐乐爸

打开"库"面板,右击"乐乐"元件,在弹出的快捷菜单中选择"直接复制"命令,将复制的元件重命名为"乐乐爸",双击进入"乐乐爸"元件编辑界面。删除"脸颊""嘴巴""眉毛""鼻子""围巾""围巾2"图层。新建图层,并命名为"眼睛",绘制一个矩形,填充颜色设为白色，边框粗细设为3像素，效果如图6-20所示。

选择矩形最上面的边线，在"属性"面板中将线条粗细设置为6像素，如图6-21所示。

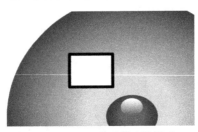

图6-20　绘制乐乐爸眼镜轮廓

图6-21　修改眼镜轮廓

选择所有边线，选择"修改"菜单下"形状"选项下的"将线条转换为填充"命令，设置填充颜色为"线性渐变"，颜色块从左到右依次为"#836A5A""#483C31"，效果如图6-22所示。

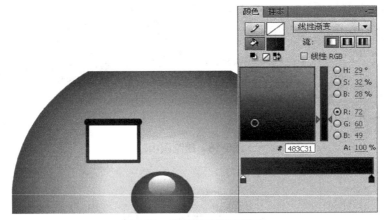

图6-22　眼镜轮廓颜色填充

选中整个图形，按Alt键拖曳复制一个，放到适当位置。在两个镜片中间绘制一个无边框的矩形以连接两个镜框。选中整个眼镜，将其转换为图形元件，并命名为"眼镜"。拖放图层到"鼻子"图层下方。调整眼镜的位置，效果如图6-23所示。

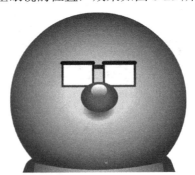

图6-23　眼镜效果

新建图层，并命名为"嘴巴"。用"线条工具"绘制一条3像素粗的直线，然后用"选取工具"将直线中间向下拉弯，设置线条填充颜色为"径向渐变"，颜色块从左到右依次为透明度为"100%"的"#D20202"、透明度为"0%"的"#370000"。效果如图6-24所示。

项目6 制作动画短片

图6-24 绘制嘴巴

新建图层，并命名为"牙齿"。用"矩形工具"绘制一个无边框矩形，设置颜色为"径向填充"，颜色块从左到右依次为"#FFFFFF""#83AEC0"。用"部分选取工具"调整牙齿形状，效果如图6-25所示。

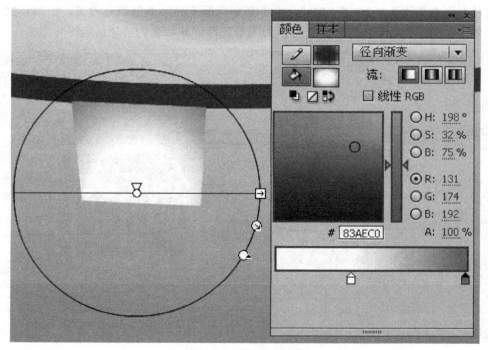

图6-25 绘制牙齿轮廓

185

按住 Alt 键，拖曳复制一个牙齿放到适当的位置，水平翻转。在两颗牙齿中间绘制一个无边框矩形，填充颜色设置为"径向渐变"，颜色块从左到右依次为"#83AEC0""#1D3138"，用"渐变变形工具"调整填充效果，如图6-26所示。选中"牙齿"图层中的所有内容，按 Ctrl+G 键组合图形。

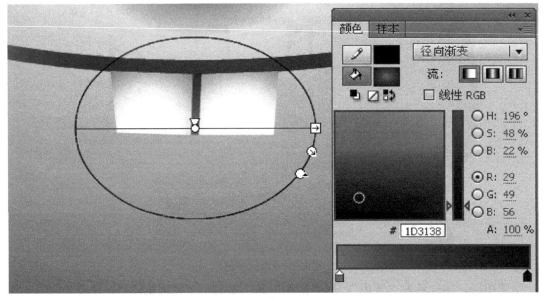

图6-26 绘制牙齿缝隙

绘制一个椭圆，删除其上半部分，设置填充颜色为"径向渐变"，颜色块的颜色都设为黑色，透明度从左到右依次为"36%""0%"，用"渐变变形工具"调整填充效果，如图6-27所示。选择"牙齿"图层的所有内容，将之转换为图形元件，并命名为"牙齿"。

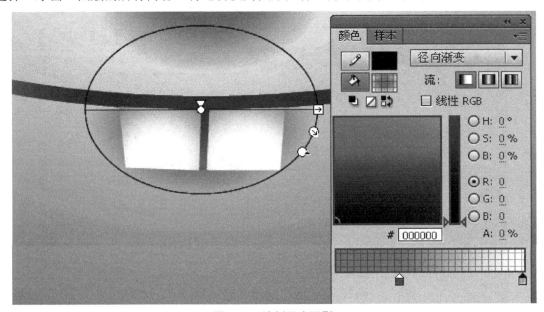

图6-27 绘制牙齿阴影

新建图层,并命名为"帽子"。用"矩形工具"或"线条工具"绘制如图 6-28 所示形状。

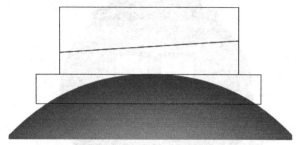

图6-28　帽子初步轮廓

用"部分选取工具"结合"锚点转换工具"来调整形状如图 6-29 所示。

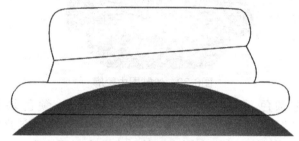

图6-29　帽子轮廓修改

给三个区域填充颜色,颜色模式为"径向渐变",颜色块值从左到右分别是"7B7B7B""0A0A0A"。删除线条,用"渐变变形工具"调整填充效果,如图 6-30 所示。

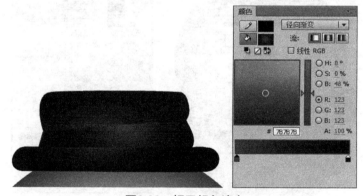

图6-30　帽子颜色填充

用"基本椭圆工具"绘制一个椭圆作为帽子的顶部,效果如图 6-31 所示。选择"帽子"图层的所有对象,将之转换为图形元件,并命名为"帽子"。

图6-31　绘制帽子顶部

新建图层,并命名为"围巾",用"线条工具"结合"选取工具"绘制如图 6-32 所示图形。

图6-32 绘制围巾轮廓

给围巾区域填充颜色,颜色模式为"径向渐变",颜色块值从左到右分别是"#97C08B""#51824A""#3D4224"。用"渐变变形工具"调整填充效果如图6-33所示。删除线条,选择整个围巾,并将之转换为图形元件,命名为"围巾"。

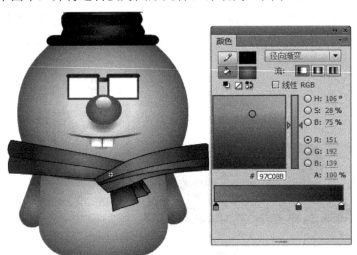

图6-33 围巾颜色填充

按住Alt键用鼠标拖曳复制一个围巾,按Ctrl+B键将其打散,填充颜色设为黑色,用"部分选取工具"删除部分节点,调整图形形状如图6-34所示。

图6-34 绘制围巾阴影

为了使阴影效果更自然，需要设置透明和模糊效果，所以需要将黑色图形转换为影片剪辑元件，转换后将其命名为"阴影"。将元件放置到"围巾"元件下方，调整好围巾和阴影的位置，设置"阴影"元件属性"色彩效果"的"Alpha"值为"30%"。添加"模糊"滤镜模糊值为"5"像素。参数调整如图 6-35 所示。

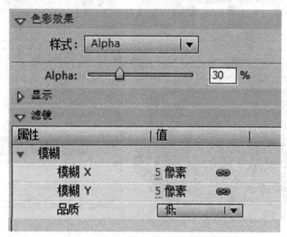

图6-35　围巾阴影效果参数调整

在"围巾"图层的上方新建一个图层，并命名为"遮罩"，用"钢笔工具"绘制如图 6-36 所示图形，作为"围巾"图层的遮罩，设置围巾的显示范围。

右击"遮罩"图层，在弹出的快捷菜单中选择"遮罩层"，效果如图 6-37 所示。

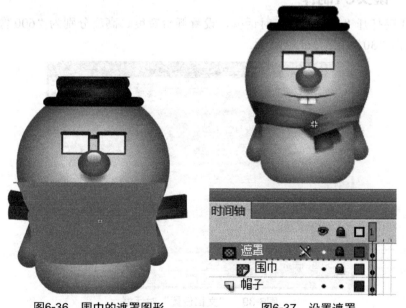

图6-36　围巾的遮罩图形　　　　图6-37　设置遮罩

在"身体"图层的上方新建一图层，并命名为"衣服"。用"矩形工具"绘制一个矩形，结合"选取工具"调整 4 条边的弧度，设置填充颜色为"径向渐变"，颜色块从左到右分别是"#4E6554""#131517"。用"渐变变形工具"调整填充效果，如图 6-38 所示。选中图形，将其转换为图形元件，并命名为"衣服"。

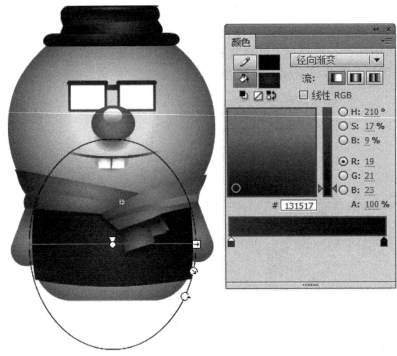

图6-38 绘制衣服

6.2.3 镜头01制作

按Ctrl+J键打开"文档设置"对话框,设置舞台宽度、高度分别为"600像素"和"400像素",帧频为"30",如图6-39所示。

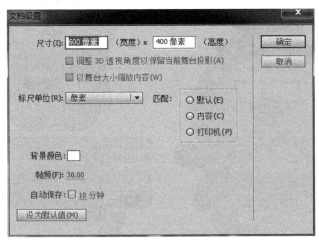

图6-39 "文档设置"对话框

打开"视图"菜单下的"标尺",用鼠标从上方标尺中拉出2条水平辅助线,一条垂直高度为40像素,另一条垂直高度为360像素。用鼠标从左边标尺中拉出2条垂直辅助线,一条水平位置为0像素,另一条水平位置为600像素,如图6-40所示。

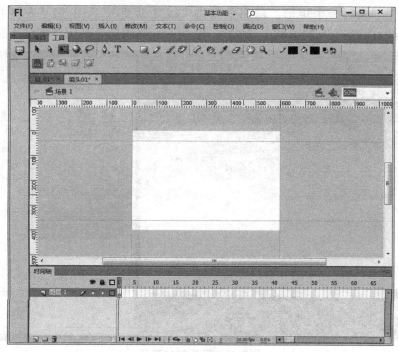

图6-40 设置辅助线

在主场景的图层1绘制一个比舞台大很多的黑色无边框矩形,然后在黑色矩形的上方再绘制一个红色矩形,大小和位置为4条辅助线相交构成的中间区域,切换到"选取工具",选中红色区域并将其删除,形成一个镂空黑色形状作为"黑幕",锁定图层,效果如图6-41所示。

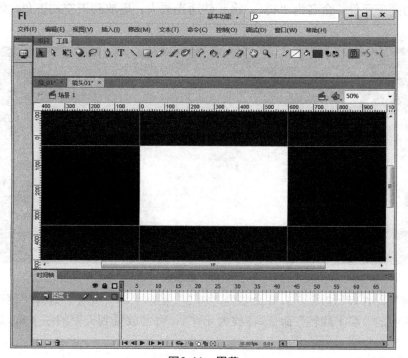

图6-41 黑幕

新建图层 2，绘制一个矩形，填充效果为"线性渐变"，颜色值从左到右分别设置为"#FFFFCC""#84D0CF""#298189"，如图 6-42 所示，将图层 2 拖曳到图层 1 的下方。

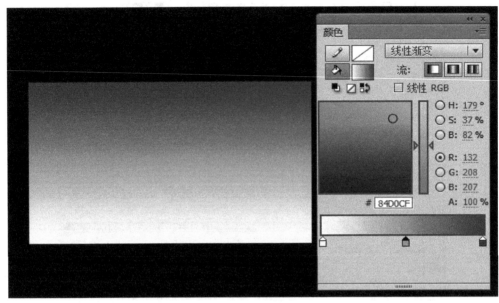

图6-42　镜头01的背景

选中刚绘制的矩形，将其转换为"图形元件"，并命名为"镜头 01"。双击元件，进入元件编辑场景，将图层 1 改名为"天空"。将"素材"文件夹下"图像"文件夹中的图片导入库中。新建图层 2，并命名为"树 1"，打开"库"面板，将"qiutree.png"文件拖放到舞台上，并转换为图形元件，命名为"树"。将元件适当放大，拖放到天空右下角，效果如图 6-43 所示。

图6-43　添加树

复制"树"元件，新建图层 3，并命名为"树 2"，粘贴"树"元件。选择"修改"菜单"变形"下拉菜单中的"水平翻转"命令，在放大元件后，将之放置到天空的左下角，效果如图 6-44 所示。

图6-44 添加树2

新建图层4,并命名为"树3",粘贴"树"元件,缩小元件并放置到天空的下边缘,效果如图6-45所示。

图6-45 添加树3

新建图层5,并命名为"云",将"库"面板中的"云朵2.png"拖放到场景中,复制云朵并粘贴,调整图形的大小和位置,效果如图6-46所示。选中所有云朵并将之转换为"云"图形元件,然后将图层拖放到"天空"图层的上方。

图6-46 添加云朵

打开"库"面板,右击"乐乐爸"元件,在弹出的快捷菜单中选择"直接复制"建立副本,并命名为"乐乐爸背"。调整左右手的位置和方向,达到双手向后的效果,同时选中"眼睛""鼻子""嘴巴""牙齿"图层,向左上方向移动一定的位置,效果如图6-47所示。

图6-47 乐乐爸

在所有图层的上面新建图层6,并命名为"爸",将"乐乐爸背"元件拖放到场景适当位置,效果如图6-48所示。

图6-48 添加人物到场景

打开"库"面板,右击"乐乐"元件,在弹出的快捷菜单中选择"直接复制"建立副本,并命名为"乐乐背",同时选中"眼睛"、"眉毛"、"鼻子"、"嘴巴"和"脸颊"图层,调整其位置和方向,效果如图6-49所示。

图6-49 乐乐

新建图层 7，并命名为"乐乐背"，将图层拖放到"爸"图层的下方。将"乐乐"元件拖放到场景中，调整大小和角度，效果如图 6-50 所示。

图6-50 添加人物到场景

接下来制作人物走路时角色上下波动的效果。右击"乐乐背"元件，在弹出的快捷菜单中选择"转换为元件"命令，转换后的元件名称默认，"类型"设为"影片剪辑"。双击元件，进入该元件编辑场景，在第 7 帧、第 14 帧处分别插入关键帧，选中第 7 帧中的元件，将对象向上移动适当距离，然后分别选择第 1 帧和第 7 帧，创建传统补间，效果如图 6-51 所示。

图6-51 制作乐乐波动效果

在元件场景空白处双击,返回到"镜头01"元件场景。右击"乐乐爸背"元件,在弹出的快捷菜单中选择"转换为元件"命令,转换后的元件名称默认,"类型"设为"影片剪辑"。双击元件,进入该元件编辑场景,在第7帧、第14帧处分别插入关键帧,选中第7帧中的元件,将对象向上移动适当距离,然后分别选择第1帧和第7帧,创建传统补间,效果如图6-52所示。

图6-52 制作乐乐爸波动效果

在元件场景空白处双击，返回到"镜头 01"元件场景。选中所有图层的第 265 帧，按 F5 键插入帧。同时选中"树 1""树 2"图层的第 190 帧，按 F6 键插入关键帧，适当缩小两个图层的"树"元件并向中间拖放一点，然后创建传统补间，制作树丛后退的效果，如图 6-53 所示。

图6-53　树丛动画

打开"库"面板，右击"乐乐背"元件，在弹出的快捷菜单中选择"直接复制"命令，将复制后的元件命名为"乐乐背说话"。回到"镜头 01"元件场景，在"乐乐"图层的第 171 帧处插入关键帧，选中元件按 Ctrl+B 键将其打散，打散后的元件变成了"乐乐背"元件，选中元件按 F8 键将其转换成图形元件，并命名为"乐乐说话"。双击"乐乐说话"元件，进入该元件编辑场景，选择场景中的"乐乐背"元件，在"属性"面板中点击"交换"按钮，将其替换成"乐乐背说话"元件，并在图层 1 的第 53 帧处插入帧。在第 53 帧处双击"乐乐背说话"元件，进入元件编辑场景，为了使后期动画制作更顺利，检查乐乐身体各组成部分，将没有转换为元件的都转换为元件，这样在后期动画制作中不会出现"补间元件"。用"任意变形工具"调整乐乐头的中心点位置，将其移动至脖子的位置，如图 6-54 所示，同样手的中心点也移动到手臂端的位置。

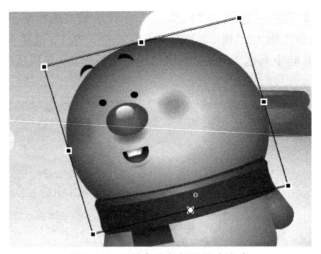

图6-54 调整身体各部分的中心点

同时选中所有图层的第 9 帧，插入关键帧，调整头、眼睛、鼻子、嘴巴、脸颊、围巾、右手的角度，除了身体和左手不需要调整，其他部分都需要调整，然后对调整后的图层创建传统补间，效果如图 6-55 所示。

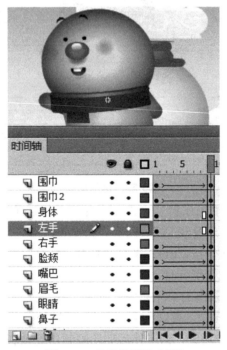

图6-55 乐乐背说话动画1

在所有图层的第 53 帧处插入帧。在"围巾 2"图层的第 15 帧处插入关键帧，将"围巾 2"图层中的对象向右旋转一定角度，然后选择第 9 帧，创建传统补间。

选中"嘴巴"图层第 9 帧中的元件，将元件转换为图形元件，并命名为"嘴巴说话"。双击元件，进入元件编辑场景，将嘴巴图形打散，重新按前面绘制嘴巴方法绘制如图 6-56 所示嘴巴图形。

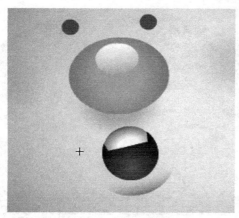

图6-56　嘴巴说话图形1

在图层的第 6、10、14 帧处插入关键帧，将第 10 帧中的嘴巴图形缩小，将第 14 帧中的嘴巴图形适当压扁拉宽。在第 3 帧处插入空白关键帧，用"线条工具"绘制一条直线，并用"选取工具"将线条拉弯，设置线条填充颜色为"径向渐变"，颜色块值为"#CC0000"，透明度从左到右依次是"60%""0%"，效果如图 6-57 所示。

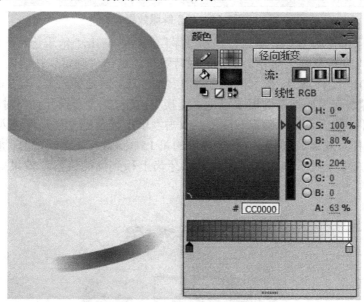

图6-57　嘴巴说话图形2

复制第 3 帧，在第 12 帧、第 17 帧处分别粘贴帧，最后在第 23 帧处插入帧。

在场景内双击返回"乐乐背说话"元件场景，在"眼睛"和"眉毛"所在图层的第 34 帧、第 37 帧处插入关键帧。选中第 34 帧的"眉毛"元件，将眉毛向下移动几个像素。选中第 34 帧中的"眼睛"，将眼睛元件打散，用"选取工具"删除眼睛的上下部分圆，形成乐乐眯眼的效果，效果如图 6-58 所示。

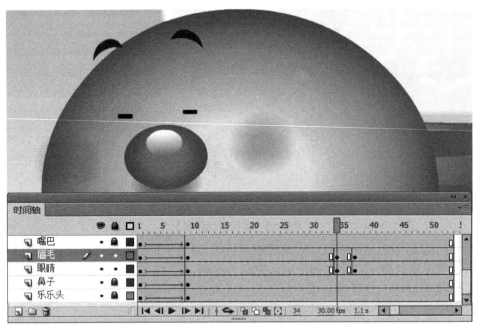

图6-58 乐乐眯眼效果

接下来制作乐乐爸向上看的动画。打开"库"面板,右击"乐乐爸背"元件,在弹出的快捷菜单中选择"直接复制"命令,复制后保持默认,点击"确定"按钮。

返回"镜头01"元件场景,在"乐乐爸"图层的第184帧处插入帧,选中该帧的"乐乐爸"元件对象将其打散,在"属性"面板中点击"交换"按钮,在"交换元件"对话框中选择"乐乐爸背副本"元件,然后点击"确定"按钮。双击"乐乐爸背副本"元件进入元件编辑场景,制作乐乐爸向上看的效果。同时选中所有图层的第15帧,插入关键帧,选择嘴巴所在的图层,将嘴巴线条用"选取工具"拖曳成直线,并将牙齿上移到嘴的位置。效果如图6-59所示。

图6-59 乐乐爸形象效果

调整眼镜、鼻子、牙齿的第 15 帧的位置，向上移动一定的像素，创建第 1 帧到第 15 帧的传统补间动画，嘴巴图形在第 15 帧处向上移动并缩短，创建第 1 帧到第 15 的补间形状动画，效果如图 6-60 所示。

图6-60　乐乐爸向上看动画

选中帽子所在的图层，将第 1 帧和第 15 帧中的帽子图形打散，将第 15 帧中的帽子图形修改成如图 6-61 所示形状，并创建第 1 帧到第 15 帧的补间形状动画。

图6-61　修改乐乐爸帽子

新建图层，在最后一帧处插入关键帧，打开"动作"面板，添加停止指令"Stop();"。至此完成第一个场景的设计。

6.3 拓展练习

1. 项目任务

绘制长颈鹿，要求完成第 2 个和第 3 个场景，如图 6-62、图 6-63 所示。

图6-62　场景2

图6-63　场景3

2. 设计要求

完成长颈鹿的角色绘制和动作设计，绘制叶子和苹果，场景切换自然。

项目 7

开发在线游戏

7.1 行业知识导航

简单、轻松的 Flash 在线小游戏类型丰富新颖，娱乐性高，用户无年龄限制，不会沉溺于其中，是人们在工作、学习后的一种娱乐、休闲方式，始终保持着独特的魅力和吸引力。以 4399 和 3366 为代表的 Flash 小游戏平台每日拥有几千万的访问量。

这些游戏是通过 Flash 软件和 Flash 编程语言 Flash ActionScript 制作的，文件的后缀是 swf。

7.1.1 Flash游戏的特点

Flash 游戏有以下特点：
- 游戏简单，形式多样，操作方便，交互性强。
- 绿色无须安装，文件体积小，可嵌入网页中，非常适合网络传播和发布。
- 由于 Flash 是矢量软件，所以小游戏放大后几乎不影响画面效果。

7.1.2 常见的游戏类型

小游戏分为：动作类小游戏、体育类小游戏、益智类小游戏、射击类小游戏、冒险类小游戏、棋牌类小游戏、策略类小游戏、敏捷类小游戏、搞笑类小游戏、休闲类小游戏、激情类小游戏、折磨类小游戏、双人小游戏等。下面简要介绍动作类游戏、益智类游戏、体育类游戏。

1. 动作类游戏

动作类游戏是由玩家所控制的人物根据周围环境的变化，利用键盘、鼠标的按键做一定的动作，如移动、跳跃、攻击、躲避、防守等，来达到游戏要求的相应目标。这类游戏一般刺激性强，情节紧张，声光效果丰富，操作简单，如图 7-1 所示。

图7-1 动作类游戏场景

2. 益智类游戏

益智类游戏主要有各种闯关、塔防、连连看、拼图、找茬等，有较强的策略乐趣。这类游戏锻炼了游戏者的脑、眼、手等，使人们获得身心健康，增强自身的逻辑分析能力和思维敏捷性，如图7-2所示。

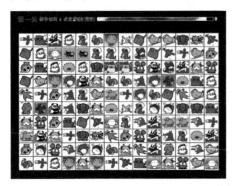

图7-2 益智类游戏场景

3. 体育类游戏

体育类游戏是一种在计算机上模拟各类竞技体育运动的游戏，包括足球、篮球、网球、高尔夫球、美式橄榄球、拳击、赛车等。大部分体育类游戏以运动员的角色参与游戏。这类游戏使一个人足不出户也可以简单体验到体育运动的快乐，如图7-3所示。

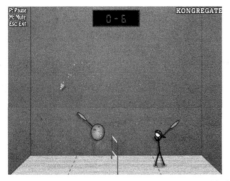

图7-3 体育类游戏场景

项目7 开发在线游戏

7.2 找茬游戏

7.2.1 情境导入

深受小朋友喜爱的米老鼠与唐老鸭来啰！你是否有一双跟唐老鸭一样敏锐的眼睛，一眼就看透呢？你有够快的反应速度么？快来挑战并证明自己吧！

7.2.2 创意解析

1. 设计思想

这个游戏主要考察玩家的反应速度和眼力。游戏设了2个关卡，每个关卡都有两张图，其中有5个不同之处！选了非常好看的羊羊图片，游戏过程中还有不同的音乐。

另外，画面不是静止的，有蜻蜓、树叶不断地在飞。考考你的眼力有没有被动画影响到吧，要眼明手快才行哦！

2. 制作方法

依次进行开始场景、游戏说明场景、第一个游戏场景、第二个游戏场景、游戏胜利场景、游戏失败场景设计，最后编写 ActionScript 语句来合成动画。总体来看，其重点是游戏的创意设计，难点是脚本的编写。

3. 游戏效果

游戏效果如图7-4所示。

图7-4 游戏效果

游戏动画效果

图7-4 游戏效果（续）

7.2.3 米老鼠与唐老鸭找茬游戏的制作

1. 新建文档并命名

打开"找茬游戏素材.fla"文件（ActionScript 3.0），并将文件另存为"找茬游戏.fla"。设置文档属性的大小为 700px×500px。文件中已经准备好制作游戏所需的素材，如图 7-5 所示。

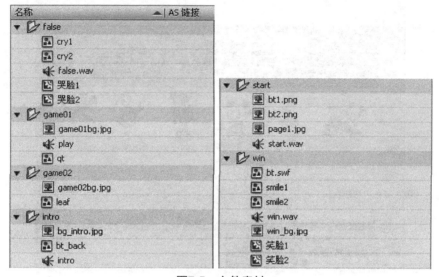

图7-5 文件素材

2. 创建开始场景

将"图层 1"重命名为"背景"。再将"库"面板中的"page1.jpg"图像拖至舞台中，打开"对齐"面板，使图像与舞台对齐。在图层的第 15 帧处，按 F5 键插入帧，如图 7-6 所示。

图7-6 开始场景的背景设置

在"背景"层上新建"文字"层,使用"文本工具" T ,输入"来找茬"三个字。然后,按 F8 键将其转换为影片剪辑元件"来找茬",如图 7-7 所示,并在"属性"面板中为其添加"投影"滤镜效果,如图 7-8 所示。

图7-7 添加文字

图7-8 添加滤镜效果

在"文字"图层上新建"按钮"图层。点击第 1 帧,按 Ctrl+F8 键创建"PLAY"按钮元件,在"库"面板中将其拖入"start"文件夹。

在"库"面板双击该按钮进入元件编辑状态,在"图层1"的"弹起"帧处,从"库"中拖入"bt1.png";在"指针经过"帧处,按 F5 键延续上一帧。新建"图层2",在"弹起"帧处,使用"文本工具" T ,输入"PLAY"。在"属性"面板中,设置字颜色为白色;在"指针经过"帧按 F6 键插入关键帧,修改字体颜色为湖蓝色"#0099FF",如图 7-9 所示。

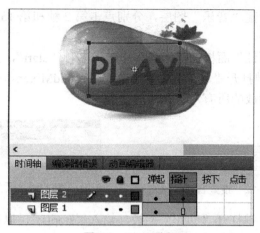

图7-9　PLAY按钮

退出元件编辑状态,在"属性"面板中设置其"实例名称"为"start_Btn",如图 7-10 所示。

图7-10　设置PLAY按钮实例名

用同样的方法,制作"游戏说明"按钮,在"属性"面板中设置其"实例名称"为"intr_Btn",如图 7-11 所示。

图7-11　添加说明按钮

在"按钮"图层上新建"音乐"图层，分别点击第2帧和第15帧处，按F7键插入空白关键帧。

选中第2帧，在"属性"面板的"声音"中选取名称"start"，如图7-12所示。

选中第1帧，按F9键打开"动作"面板，输入"SoundMixer.stopAll();"，如图7-13所示，以在当前位置停止正在播放的所有声音。

图7-12 设置音乐

图7-13 添加代码

选中第15帧，按F9键打开"动作"面板，输入"stop();"，以在当前位置停止影片剪辑的播放。

开始场景完成后，主时间轴和"库"面板中的内容分别如图7-14、图7-15所示。

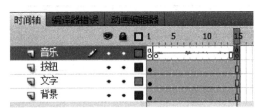
图7-14 开始场景的主时间轴内容

图7-15 开始场景相关元件

3. 创建游戏说明场景

按Ctrl+F8键，新建"游戏说明"影片剪辑元件，在"库"面板中将其拖入"intro"文件夹中。在元件编辑状态下，将"图层1"重命名为"背景"，点击第1帧，从"库"面板中拖入"bg_intro.jpg"。在第10帧处，按F5键延续帧，如图7-16所示。

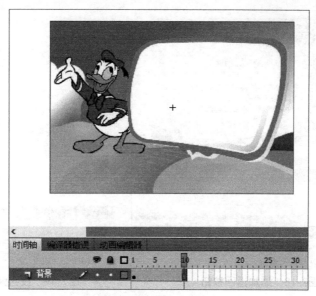

图7-16 游戏说明场景背景

在"背景"图层的上方新建"文字"图层,使用"文本工具" T ,输入说明文字,并设置文字属性,如图 7-17 所示。

图7-17 添加说明文字

在"文字"图层的上方新建"按钮"图层,从"库"面板中拖入"bt_back"图形元件,调整好位置及大小后,按 F8 键将其转换为按钮元件"返回",在"库"面板中将其拖入"intro"文件夹,如图 7-18 所示。双击进入元件编辑状态,在"指针经过"帧处按 F6 键插入关键帧。点击"弹起"帧,在选中元件的状态下,在"属性"面板中设置"色彩效果"的"样式"为"Alpha",其值为"80%",如图 7-19 所示。

图7-18 添加返回按钮

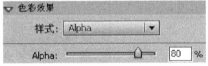

图7-19 按钮弹起效果设置

退出"返回"按钮元件的编辑状态,在"属性"面板中设置其"实例名称"为"back_Btn"。

在"按钮"图层的上方新建"音乐"图层,分别在第2帧和第10帧处,按F7键插入空白关键帧。

选中第2帧,在"属性"面板的"声音"中选取名称"intro"。

选中第1帧,按F9键打开"动作"面板,输入"SoundMixer.stopAll();"。

选中第10帧,按F9键打开"动作"面板,输入"stop();"。

按Ctrl+L键,打开"库"面板,右击"游戏说明"影片剪辑元件,从弹出的快捷菜单中选择"属性"命令。在打开的"元件属性"窗口中,选中"为ActionScript导出""在第1帧中导出",在"ActionScript链接"下面的"类"输入框中输入"GameIntro","基类"为默认的"flash.display.MovieClip"即可,如图7-20所示。点击"确定"按钮后,该影片剪辑就和类绑定了。

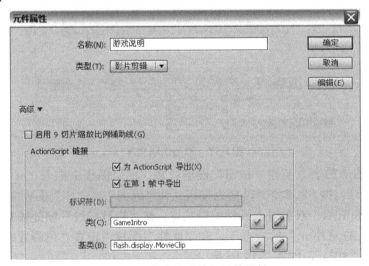

图7-20 游戏说明按钮元件属性

当弹出"无法在类路径中找到对此类的定义……"的提示时,只需点击"确定"按钮即可,如图 7-21 所示，因为如果库元件不需要超出 MovieClip 类功能的独特功能，则可以忽略此警告消息。

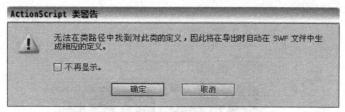

图7-21 类警告

游戏说明场景创建完成后，主时间轴和"库"面板中的内容分别如图 7-22、图 7-23 所示。

图7-22 游戏说明场景主时间轴内容　　图7-23 游戏说明场景相关元件

4. 创建第一个场景

按 Ctrl+F8 键，新建"game1"影片剪辑元件。在元件编辑状态，将"图层 1"重命名为"背景"，选择第 1 帧，从"库"面板中拖入"game01bg.jpg"，如图 7-24 所示。按 F8 键将其转换为影片剪辑元件"bg01"，在"库"面板中将其拖入"game01"文件夹中。在"属性"面板中设置该元件"实例名称"为"bg_mc"，如图 7-25 所示。

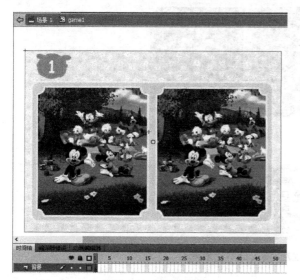

图7-24 场景1背景　　　　　　　图7-25 设置背景的实例名称

在"背景"图层的上方新建"文字"图层,使用"文本工具" T ,输入文字,并设置文字属性,如图 7-26 所示。

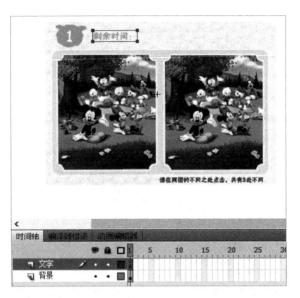

图7-26 添加文字

在"文字"图层的上方新建"时间"图层,使用"文本工具" T ,插入文本框,在"属性"面板中设置为"动态文本",实例名称为"time_txt",如图 7-27、图 7-28 所示。

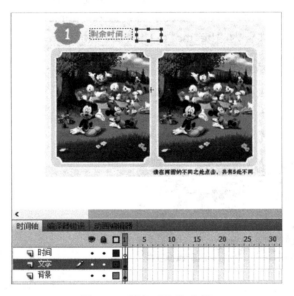

图7-27 插入动态文本框

项目7 开发在线游戏

图7-28 设置文本属性

在"时间"图层的上方新建"茬"图层,按 Ctrl+F8 键创建新的按钮元件"cha",在"库"面板中将其拖入"game01"文件夹中。

在"cha"按钮元件的编辑状态,在"图层1"的"点击"帧处,按 F6 键插入关键帧,使用"矩形工具" ,设置填充颜色为"#99CCCC",绘制一个矩形,如图 7-29 所示。退出该元件的编辑状态。

进入"game01"影片剪辑的编辑状态,选择"茬"图层的第1帧,拖入"cha"按钮元件,调整大小后,在"属性"面板中设置其"实例名称"为"cha_btn",如图 7-30 所示。

图7-29 "茬"按钮元件

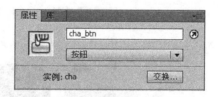

图7-30 设置按钮实例名称

按 F8 键将其转换为影片剪辑元件"zhaocha",在"库"面板中将其拖入"game01"文件夹中。

双击"zhaocha"影片剪辑元件,进入其编辑状态,将"图层1"重命名为"cha"。在"cha"图层的上方新建"right"图层。在第1帧处,使用"椭圆工具" 绘制一个笔触为黄色"#FFFF00"的空心椭圆,调整好大小及位置后,如图 7-31 所示,按 F8 键转换为影片剪辑元件"right",在"属性"面板中设置其实例名称为"right_mc",如图 7-32 所示。在"库"面板中将其拖入"game01"文件夹中。

图7-31 zhaocha影片剪辑

图7-32 设置实例名称

退出"zhaocha"元件的编辑状态,回到"game1",在"茬"图层的第1帧处,拖入5个"zhaocha"影片剪辑元件到右图的各个不同点,调整好位置如图7-33所示,分别设置实例名称为"cha1_mc""cha2_mc""cha3_mc""cha4_mc""cha5_mc"。选中这5个元件,按F8键将其转换为影片剪辑元件"cha01",在"属性"面板中设置实例名称为"rightcha",如图7-34所示。在"库"面板中将其拖入"game01"文件夹中。

图7-33 标注场景1右图中不同之处

图7-34 设置标注的实例名称

在"茬"图层的第1帧处,从"库"面板中拖入"cha01"影片剪辑元件,放在左图上,调整好位置,如图7-35所示,在"属性"面板中设置实例名称为"leftcha"。

图7-35 标注场景1左图中不同之处

在"茬"图层的上方新建"蜻蜓"图层,选择第1帧,从"库"面板中拖入图形元件"qt"。调整大小和位置。按F8键将其转换为影片剪辑元件"蜻蜓飞",在"库"面板中将其拖入"game1"文件夹中。

双击蜻蜓进入其编辑状态,右击"图层1",在弹出的快捷菜单中选择"添加传统运动引导层"命令。点击"引导层"图层的第1帧,用"铅笔工具"("平滑"模式)绘制一条路径,在第150帧处按F5键插入帧。

在"图层1"的第150帧处按F6键插入关键帧,调整第1帧和第150帧处的蜻蜓位置,分别拖至引导线的两端,如图7-36所示。最后,右击"图层1"的第1帧,在弹出的快捷菜单中选择"创建传统补间"命令。

图7-36 蜻蜓飞的第1帧

在"引导层"图层的上方新建"图层3",在第180帧处按F6键插入关键帧,从"库"面板中拖入图形元件"qt",调整大小和位置,执行"修改""变形""水平翻转"命令。右击"图层3",在弹出的快捷菜单中选择"添加传统运动引导层"命令。点击"引导层"图层的第180帧,按F6键插入关键帧,用"铅笔工具" ,绘制另一条路径,如图7-37所示,在第330帧处按F5键插入帧。

图7-37　绘制第2条飞行路径

在"图层3"的第330帧处按F6键插入关键帧,调整第180帧和第330帧处的蜻蜓位置,分别拖至引导线的两端。最后,右击"图层3"的第180帧,在弹出的快捷菜单中选择"创建传统补间"命令。此时,"蜻蜓飞"影片剪辑元件的时间轴如图7-38所示。

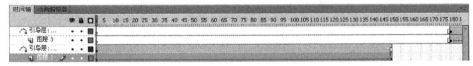

图7-38　蜻蜓动画时间轴

退出"蜻蜓飞"元件的编辑状态,回到"game1"场景,在"蜻蜓"图层的第1帧处,按住Alt键,移动并复制一个"蜻蜓飞"元件到右图的相应位置,使左右图的蜻蜓保持一致,如图7-39所示。

图7-39　蜻蜓位置

按 Ctrl+L 键，打开"库"面板，右击"game1"影片剪辑元件，从弹出的快捷菜单中选择"属性"命令。选中"为 ActionScript 导出""在第 1 帧中导出"，在"ActionScript 链接"下面的"类"输入框中输入"Game1"，"基类"为默认的"flash.display.MovieClip"即可，如图 7-40 所示。点击"确定"按钮后，该影片剪辑就和类绑定了。

图7-40　game1元件属性

同样，也把声音文件"playSound"导出为"PlaySound"类，以便在程序代码中使用。
第一个游戏场景创建完成后，主时间轴和"库"面板中的内容分别如图 7-41、图 7-42 所示。

图7-41　场景1的时间轴　　　图7-42　场景1相关元件

5. 创建第二个场景

在"库"面板中右击"bg01"剪辑元件，在弹出的快捷菜单中选择"直接复制"命令，将复制的元件命名为"bg02"。在"库"面板中将"bg02"拖入"game02"文件夹中。双击进入元件"bg02"的编辑状态。选中第 1 帧的内容，在"属性"面板中将"game01bg.jpg"交换为"game02bg.jpg"。

在"库"面板中右击"game1"剪辑元件，在弹出的快捷菜单中选择"直接复制"命令，将复制的元件命名为"game2"，选中"为 ActionScript 导出""在第 1 帧中导出"，在"ActionScript 链接"下面的"类"输入框中输入"Game2"，"基类"为默认的"flash.display.MovieClip"

即可，如图 7-43 所示。点击"确定"按钮后，该影片剪辑就和类绑定了。

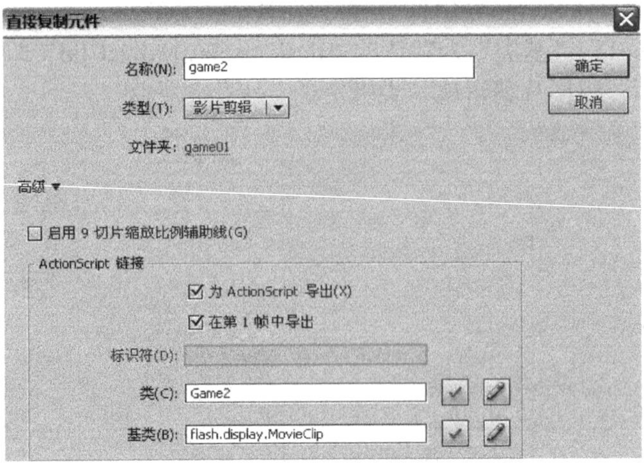

图7-43 game2元件属性

在"库"面板中将"game2"拖入"game02"文件夹中，双击进入"game2"影片剪辑的编辑状态，删除"蜻蜓"图层。

点选"背景"图层第 1 帧，在"属性"面板中将"bg01"交换为"bg02"。

在"茬"图层，删除所有元件。在第 1 帧处，拖入 5 个"zhaocha"影片剪辑元件到右图的各个不同之处，调整位置如图 7-44 所示，分别设置实例名称为"cha1_mc""cha2_mc""cha3_mc""cha4_mc""cha5_mc"。选中这 5 个元件，按 F8 键将其转换为影片剪辑元件"cha02"，在"属性"面板中设置实例名称为"rightcha"，如图 7-45 所示。在"库"面板中将其拖入到"game02"文件夹中。

图7-44 场景2中不同之处

图7-45 设置场景2的茬实例

在"茬"图层的第 1 帧处,从"库"面板中拖入"cha02"影片剪辑元件,放在左图上,如图 7-44 所示,在"属性"面板中设置实例名称为"leftcha"。

在"茬"图层的上方新建"树叶飘"图层,点选第 1 帧,从"库"面板中拖入"leaf"图形元件,使用"任意变形工具" 调整至合适大小。选中树叶,按 F8 键将其转化为影片剪辑元件"一片叶子",在"库"面板中将其拖入"game02"文件夹中。

双击进入"一片叶子"的编辑状态,右击"图层 1",在弹出的快捷菜单中选择"添加传统运动引导层"命令。点击"引导层"图层的第 1 帧,用"铅笔工具" ("平滑"模式),绘制一条路径,在第 150 帧处按 F5 键插入帧。

在"图层 1"第 150 帧处按 F6 键插入关键帧,调整第 1 帧和第 150 帧处的树叶位置,分别拖至引导线的两端。最后,右击"图层 1"的第 1 帧,在弹出的快捷菜单中选择"创建传统补间"命令,如图 7-46 所示。

图7-46 一片叶子第1帧动画

退出"一片叶子"的编辑状态,按 F8 键将其转化为影片剪辑元件"多片叶子"。在"库"面板中将其拖入"game02"文件夹中。

进入"多片叶子"元件的编辑状态,移动并复制多个元件,并分别调整好位置、形状及大小,如图 7-47 所示。

图7-47　多片叶子位置

在"图层 1"的上方新建"mask"图层,在第 1 帧处,用"钢笔工具" ,绘制线条,并进行填充,如图 7-48 所示。

右击"mask"图层名称,在弹出的快捷菜单中选择"遮罩层"命令,如图 7-49 所示。

图7-48　遮罩区

图7-49　设置遮罩

退出"多片叶子"的编辑状态,回到"game2",复制并移动1个"多片叶子"元件到左图,调整好位置,如图 7-50 所示。

图7-50　多片叶子位置

第二个游戏场景创建完成后,主时间轴和"库"面板中的内容分别如图 7-51、图 7-52 所示。

图7-51　场景2时间轴　　　　图7-52　场景2相关元件

6. 创建游戏胜利提示场景

按 Ctrl+F8 键,新建"gamewin"影片剪辑元件,在"库"面板中将其拖入"win"文件夹中。在元件编辑状态下,将"图层 1"重命名为"背景",点选第 1 帧,从"库"面板中拖入"win_bg.jpg"。在第 10 帧处,按 F5 键延续帧。

在"背景"图层的上方新建"笑脸"图层,点选第 1 帧,从"库"面板中拖入"笑脸 1"影片剪辑元件,按 F8 键将其转换为影片剪辑元件"笑",在"库"面板中将其拖入"win"文件夹。

双击进入影片剪辑元件"笑"的编辑状态,在"图层 1"的第 10 帧,按 F6 键插入关键帧。在"属性"面板中将其交换为"笑脸 2"影片剪辑元件。显示标尺,使用辅助线,使第 1 帧、第 10 帧的笑脸在同样的位置。

右击第 1 帧,在弹出的快捷菜单中选择"创建补间动画"命令,如图 7-53 所示。

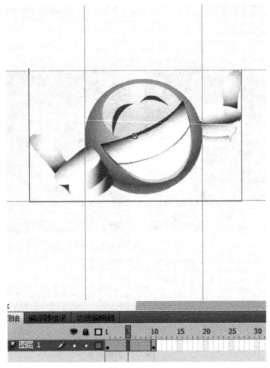

图7-53 笑脸动画

注意：

补间动画是一个帧到另一个帧之间对象变化的一个过程。在创建补间动画时，可以在不同关键帧的位置设置对象的属性，如位置、大小、颜色、角度、Alpha透明度等。可补间的对象类型，包括影片剪辑元件、图形元件、按钮元件和文本字段。如果对象不是可补间对象类型或者在同一图层中选择了多个对象，Flash将弹出"将所选的内容转换为元件以进行补间"对话框，点击"确定"按钮，将所选内容转换为影片剪辑元件。

在"笑脸"图层的上方新建"文字"图层，使用"文本工具"输入"你太棒了！"。

在"文字"图层的上方新建"按钮"图层，点选第1帧，从"库"面板中拖入"bt.swf"，按F8键将其转换为按钮元件"Replay"，将其拖入到"win"文件夹中。双击进入其编辑状态，在"图层1"的"指针经过"帧处，按F6键插入关键帧。点选"弹起"帧，将"属性"面板"色彩效果"的"样式"设为"Alpha"，其值设为"80%"，退出编辑状态。在"属性"面板中设置其实例名称为"replay_Btn"。

在"按钮"图层的上方新建"音乐"图层，分别点击第2帧和第10帧处，按F7键插入空白关键帧，

选中第2帧，在"属性"面板的"声音"中选取名称为"win"的元件。

选中第1帧，按F9键打开"动作"面板，输入"SoundMixer.stopAll();"。

选中第15帧，按F9键打开"动作"面板，输入"stop();"。

至此，胜利提示场景创建完成，如图7-54所示。

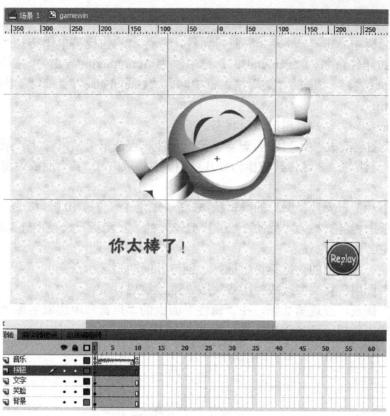

图7-54 胜利提示场景

按Ctrl+L键,打开"库"面板,右击"gamewin"影片剪辑元件,从弹出的快捷菜单中选择"属性"命令。选中"为ActionScript导出""在第1帧中导出",在"ActionScript链接"下面的"类"输入框中输入"GameWin","基类"为默认的"flash.display.MovieClip"。

游戏胜利场景创建完成后,"库"面板中内容如图7-55所示。

图7-55 游戏胜利场景相关元素

7. 创建游戏失败提示场景

在"库"面板中右击"gamewin"剪辑元件,在弹出的快捷菜单中选择"直接复制"命令,将复制后的元件命名为"gamefalse",选中"为 ActionScript 导出""在第 1 帧中导出",在"ActionScript 链接"下面的"类"输入框中输入"GameFalse","基类"为默认的"flash.display.MovieClip"。

进入"gamefalse"影片剪辑的编辑状态。

把"笑脸"图层改成"哭"图层,删除"笑"元件。点选第 1 帧,从"库"面板中拖入"哭脸 1"影片剪辑元件,按 F8 键将其转换为影片剪辑元件"哭",在"库"面板中将其拖入"false"文件夹。

双击进入影片剪辑元件"哭"的编辑状态,在"图层 1"的第 10 帧,按 F6 键插入关键帧,在"属性"面板中将其交换为"哭脸 2"影片剪辑元件。显示标尺,使用辅助线,使第 1 帧、第 10 帧的哭脸在同样的位置。

右击第 1 帧,在弹出的快捷菜单中选择"创建补间动画"命令。

在"文字"图层,将文字改成"游戏失败,继续挑战!"。

在"音乐"图层,点选第 2 帧,在"属性"面板的"声音"中选取名称"false"。

至此,游戏失败提示场景创建完成,如图 7-56 所示。

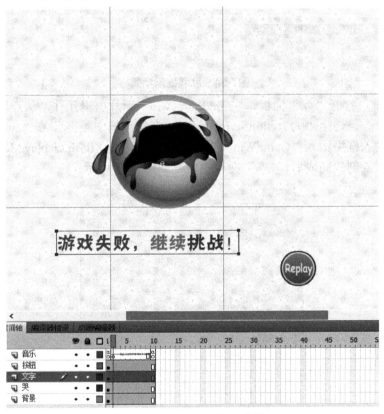

图7-56 游戏失败提示场景

游戏失败场景创建完成后,"库"面板中内容如图 7-57 所示。

图7-57 游戏失败提示场景相关元素

8. 文档类代码编写

在相同的文件夹中新建名称为"Game"的ActionScript文件,然后在该文件中,使用import语句导入所需的类,以及创建Game自定义类和主函数。代码如下:

```
package{
    import Flash.display.MovieClip;
    import Flash.media.SoundMixer;
    import Flash.media.SoundChannel;
    import Flash.events.MouseEvent;
    import Flash.display.StageAlign;
    import Flash.display.StageScaleMode;
    import Flash.utils.Timer;
    import Flash.events.TimerEvent;
    import Flash.events.Event;

    public class Game extends MovieClip{
        private var scene:uint;// 游戏场景标志
        private var myTimer:Timer;// 计时器
        private var j:int=-1;
        private var timer:int;// 计时变量
        private var bool:Boolean;
        private var load_MC:MovieClip;
        private var false_MC:MovieClip;
        private var win_MC:MovieClip;

        public function Game(){
            stage.scaleMode=StageScaleMode.EXACT_FIT ;
            // 整个应用程序在指定区域中可见,按比例缩放 SWF
            stage.align=StageAlign.TOP_LEFT;
            // 舞台顶部左对齐
            init();// 场景初始化
        }

        private function init():void{
            start_Btn.addEventListener(MouseEvent.CLICK,startgame);
```

```
        // 侦听"Play"按钮的鼠标点击事件,调用 startgame() 函数开始游戏
        intr_Btn.addEventListener(MouseEvent.CLICK,gameIntro);
        // 侦听"游戏说明"按钮的鼠标点击事件,调用 GameIntro() 函数弹出游戏
        说明界面
    }

    // 开始游戏
    private function startgame(event:MouseEvent):void{
        scene=1;// 场景 1
        SoundMixer.stopAll();
        // 停止当前正在播放的所有声音。
        var sound:PlaySound = new PlaySound();
        // 生成 PlaySound 类的一个新实例 sound
var channel:SoundChannel = sound.play();
        //SoundChannel 类控制一种声音的回放。生成 SoundChannel 类的一个新
        实例 channel
        playGame(scene);// 开始第 1 个游戏场景
    }

    // 开始某一场景的游戏
    private function playGame(scene:uint){
        switch (scene)
        {
            case 1:
                this.load_MC = new Game1();// 根据场景标志,实例
                化相应的游戏场景
                break;
            case 2:
                this.load_MC = new Game2();
                break;
            default:
                break;
        }
        load_MC.x = 0;
        load_MC.y = 0;
        // 定义游戏场景对象的位置
        addChild(load_MC);
        // 将游戏场景显示在舞台中
        initzhaocha(load_MC);
        // 初始化游戏场景
        load_MC.bg_mc.buttonMode=true;
        // 设置游戏场景中背景的行为方式像按钮,即当鼠标指针经过上方时它会触发手
        形光标的显示,并在有焦点的情况下按 Enter 键或空格键时可以接收 Click 事件。
        timer=15;
        // 初始化所有需要的变量
        // 计时变量,从 60 开始
```

```
            load_MC.time_txt.text=timer;
            // 设置计时显示文本 time_txt 中显示计时变量的值
             myTimer=new Timer(1000,0);
            // 创建 Timer 实例,每隔1000毫秒(每秒钟)发出一次计时事件,总共发出 0 次。
            // 如计时器运行总次数为 0,则计时器将持续不断运行,直至调用了 stop()
            方法或程序停止。
            myTimer.addEventListener(TimerEvent.TIMER,shijian);
            // (每秒)侦听 Timer 实例的时间事件,并调用执行 shijian 函数,根据当
            前状态分别处理)
            load_MC.addEventListener(Event.ENTER_FRAME,jiancha);
            // (每帧)侦听时间轴事件,判断当前游戏场景的进行状态
            myTimer.start();
            // 启动计时器,开始计时
      }

      // 初始化游戏场景
      function initzhaocha(loadmc:MovieClip):void{
            for(var i:int = 1; i<6; i++){
                  var leftmc:MovieClip = loadmc.leftcha.getChildByName
                  ("cha" + i +"_mc") as MovieClip;
                  var rightmc:MovieClip = loadmc.rightcha.getChildByName
                  ("cha" + i +"_mc") as MovieClip;
                  // 按名称检索标识不同的影片剪辑
                  leftmc.right_mc.visible=false;
                  rightmc.right_mc.visible=false;
                  // 设置已找到的标志为不可见
                  leftmc.cha_btn.addEventListener(MouseEvent.
                  CLICK,zhaocha);
                  rightmc.cha_btn.addEventListener(MouseEvent.
                  CLICK,zhaocha);
                  // 侦听不同之处按钮的鼠标点击事件,并调用 zhaocha 函数,以能
                  及时显示已找到的标志
            }
      }

      function zhaocha(event:MouseEvent){
            var mc:MovieClip = event.target.parent as MovieClip;
            mc.right_mc.visible=true;
      }

      // 每秒
      function shijian(event:TimerEvent){
            if(j>timer){
            // 如果当前游戏场景已过关
                  j=-1;// 重置变量值
                  myTimer.stop();// 停止计时器
```

```
                myTimer.removeEventListener(TimerEvent.TIMER,shijian);
                // 移除侦听 Timer 实例的时间事件
                if(scene==2) {
                // 如当前已是最后一个场景,
                    removeChild(load_MC);// 移除当前游戏场景
                    gameWin();// 显示游戏胜利影片
                }
                else {
                    scene=scene+1;
                    removeChild(load_MC);// 移除当前游戏场景
                    playGame(scene);// 显示下一个游戏场景
                }
            }
            timer--;// 如未过关, 继续当前游戏
}

// 每帧
function jiancha(event:Event){
    var mc:MovieClip = event.currentTarget as MovieClip;
    // 实例化当前事件目标对象(正在使用某个事件侦听器处理Event对象的对象)
    mc.time_txt.text=timer;
    // 刷新计时显示文本
    if(timer<0){
    // 如果时间截止
        myTimer.stop();// 停止计时器
        myTimer.removeEventListener(TimerEvent.TIMER,shijian);
        mc.removeEventListener(Event.ENTER_FRAME,jiancha);
        // 移除侦听 Timer 实例的时间事件、时间轴事件
        removeChild(mc);// 移除当前游戏场景
        gameFalse();// 显示游戏失败影片
    }
    // 否则（时间没截止）
    var zhengqueshu:uint=0;
    for(var i:int = 1;i<6;i++){
        // 检测已找出不同的个数
        var leftmc:MovieClip = mc.leftcha.getChildByName
        ("cha" + i +"_mc") as MovieClip;
        var rightmc:MovieClip = mc.rightcha.getChildByName
        ("cha" + i +"_mc") as MovieClip;
        if(leftmc.right_mc.visible || rightmc.right_
        mc.visible) zhengqueshu++;
    }
    if(zhengqueshu==5){
    // 如已找出不同的个数为 5
        mc.removeEventListener(Event.ENTER_FRAME,jiancha);
        // 移除时间轴侦听事件
```

```
                j=timer;//重设j的值,使结束当前场景
        }
}

//胜利
function gameWin(){
        win_MC= new GameWin();
        //实例化游戏胜利界面对象
        win_MC.x = 0;
        win_MC.y = 0;
        //定义游戏胜利界面对象的位置
        addChild(win_MC);
        //将游戏胜利界面显示在舞台中
        bool=true;
        //定义游戏胜利
        win_MC.replay_Btn.addEventListener(MouseEvent.
        CLICK,replay);
        //侦听游戏胜利界面中的"replay"按钮,调用replay()函数重新开始游戏
}

//失败
function gameFalse(){
        false_MC = new GameFalse();
        //实例化游戏失败界面对象
        false_MC.x = 0;
        false_MC.y = 0;
        //定义游戏失败界面对象的位置
        addChild(false_MC);
        //将游戏失败界面显示在舞台中
        bool=false;
        //定义游戏失败
        false_MC.replay_Btn.addEventListener(MouseEvent.
        CLICK,replay);
        //侦听游戏失败界面中的"replay"按钮,调用replay()函数重新开始游戏
}

//重新开始
private function replay(event:MouseEvent):void{
        if(bool==false){
                removeChild(false_MC);//如果为失败条件,则移除游戏失败影片
        }
        else{
                removeChild(win_MC);//如果为胜利条件,则移除游戏胜利影片
        }
        startgame(null);//开始游戏
}
```

```
// 显示游戏说明界面
private function gameIntro(event:MouseEvent):void{
    var intro_MC:GameIntro = new GameIntro();
    // 实例化游戏说明界面对象
    intro_MC.x = 0;
    intro_MC.y = 0;
    // 定义游戏说明界面对象的位置
    addChild(intro_MC);
    // 将游戏说明界面显示在舞台中
    intro_MC.back_Btn.addEventListener(MouseEvent.CLICK,closeWindow);
    // 侦听游戏说明界面的中返回按钮,调用closeWindow()函数关闭游戏说明窗口
}

// 关闭游戏说明窗口
private function closeWindow(event:MouseEvent):void{
    var mc:MovieClip = event.target.parent as MovieClip;
    // 实例化事件目标对象(游戏说明界面)
    removeChild(mc);
    // 将游戏说明界面删除
}
```

保存好 Game.as 后,切换到找茬游戏 .fla,点击舞台右边的"属性"面板,选择文档"类"输入框,在里面写入"Game",如图 7-58 所示。

图7-58　文档类设置

按 Ctrl+Enter 键,测试影片,此时开始编译找茬游戏 .fla 和 Game.as,并运行生成的"找茬游戏 .swf"文件。

注意：

在ActionScript 3.0中，依然可以在影片剪辑关键帧中写入代码。那么，在帧代码中该写些什么呢？在绑定的类中该写些什么代码呢？

帧代码应和当前影片结构紧密相关。因此，凡是和影片结构、播放流程相关的代码一般放在帧代码中，帧代码中最常见的就是控制影片播放的代码。

绑定类中所放代码应当尽量与影片结构无关。即使必须用到影片中已有的子元件，也尽量用中间变量脱耦。

总的来讲，与具体剪辑元件相关的代码应写在帧代码中；与具体剪辑元件无关的通用代码应尽量写在绑定类中。这样才可以做到代码开发与Flash美工设计脱离。

7.3 知识点拓展

7.3.1 ActionScript 控制与调试

1. ActionScript 3.0程序的编译流程

Flash CS3 工具使用的源文件后缀名是".fla"，FLA 文件中包含元件库，里面有创作的图形、动画元件，以及嵌入的媒体资源等。FLA 文件中记录着元件里面的 ActionScript 3.0 代码，以及要使用到的外部 ActionScript 3.0 代码文件链接，在编译时将所有的 ActionScript 3.0 代码编译成字节码文件，并和用到的库元件一起编译成 SWF 文件。

在 Flash CS3 中有两种写入 ActionScript 3.0 代码的方法：一种是在时间轴的关键帧中写入 ActionScript 3.0 代码；一种是在外面写成单独的 ActionScript 3.0 类文件，再和 Flash 库元件进行绑定，或者直接和 FLA 文件绑定。

注意：

使用 ActionScript 3.0 开发程序，并不推荐将代码写入到关键帧中，而应当尽量把代码从 fla 文件中分离出来。

下面将用两种方法在 Flash CS3 中创建"Hello,world"。

1）在时间轴中写入代码

打开 Flash CS3，新建一个 Flash 文件（ActionScript 3.0），生成 FLA 文件。然后点击主时间轴的第 1 帧，选中后按 F9 键弹出动作面板，在其中写入如下 ActionScript 3.0 代码"trace("Hello,world");"。

在时间轴中写入的代码如图 7-59 所示。

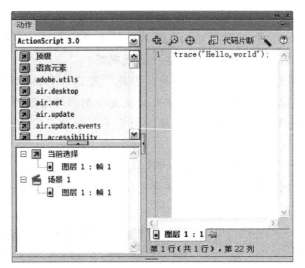

图7-59 在时间轴中写入代码

"trace();"是最常用的函数之一,它的功能是将括号中的内容从"输出"面板中输出。

按 Ctrl+Enter 键,测试影片,此时开始编译 FLA 文件,并运行生成 SWF 文件。这时我们看到一个新弹出的 Flash Player 窗口,并在"输出"面板中显示"Hello,world",如图 7-60 所示。

图7-60 输出内容

第一个"Hello,world"程序成功了。

2)文档类和 FLA 文件绑定

打开 Flash CS3,新建一个 Flash 文件(ActionScript 3.0),生成 FLA 文件,存为 First.fla。

新建一个 ActionScript 3.0 文件,存为 HelloWorld.as,和 First.fla 放在同一个目录中。在 HelloWorld.as 中写入以下代码:

```
package {
    import Flash.display.MovieClip;
    public class HelloWorld entends MovieClip{
        public function HelloWorld() {
            trace("Hello,world");
        }
    }
}
```

注意:第三行 class 关键字后和第四行 function 关键字后必须写上 .as 文件的文件名,这里是 HelloWorld,一般开头字母要大写。

保存好 HelloWorld.as 后,切换到 First.fla,点击舞台右边的"属性"面板,选择文档"类"输入框,在里面写入"HelloWorld"。按 Ctrl+Enter 键,测试影片,此时开始编译 First.fla 和 HelloWorld.as,并运行生成的 First.swf 文件。这时我们看到一个新弹出的 Flash Player 窗口,并在"输出"面板中显示"Hello,world"。

第一个绑定文档类的 Flash Player 程序成功了。

所谓的绑定,在操作上就是在"文档类"输入框中输入外部的类文件的相对路径加文件名。而实际执行的内容就在"function 类文件名 () { 实际内容 }"花括号中,这个以类文件名命名的函数称为"构造函数"。

2. 调试 ActionScript 3.0 程序

Flash 包括一个单独的 ActionScript 3.0 调试器,它与 ActionScript 2.0 调试器的操作稍有不同。ActionScript 3.0 调试器仅用于 ActionScript 3.0 FLA 和 AS 文件。FLA 文件必须将发布设为 Flash Player 9。启动一个 ActionScript 3.0 调试会话时,Flash 将启动独立的 Flash Player 调试版来播放 SWF 文件。调试版 Flash 播放器从 Flash 创作应用程序窗口的单独窗口中播放 SWF 文件。

ActionScript 3.0 调试器将 Flash 工作区转换为显示调试所用面板的调试工作区,包括动作面板和 / 或"脚本"窗口、调试控制台和"变量"面板。调试控制台显示调用堆栈并包含用于跟踪脚本的工具。"变量"面板显示了当前范围内的变量及其值,并允许你自行更新这些值。

开始调试会话的方式取决于正在处理的文件类型。调试会话期间,Flash 遇到断点或运行时错误时将中断执行 ActionScript。

1)从 FLA 文件开始调试

执行"调试"→"调试影片"命令。

2)从 ActionScript 3.0 AS 文件开始调试

在"脚本"窗口中打开 ActionScript 文件后,从"脚本"窗口顶部的"目标"菜单选择用来编译 ActionScript 文件的 FLA 文件。FLA 文件必须也在 Flash 中打开才能显示在此菜单中。

执行"调试"→"调试影片"命令,则切换至"调试"工作区。此时,将启动 ActionScript 3.0 调试会话窗口,如图 7-61 所示,同时 Flash 将启动 Flash Player 并播放 SWF 文件。

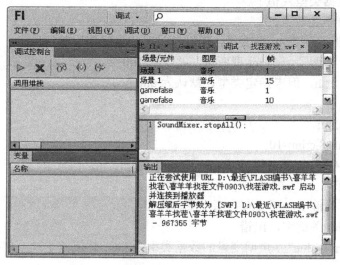

图 7-61　ActionScript 3.0 调试会话窗口

退出调试模式的方法为：点击调试控制台中的"结束调试会话"按钮。

注意：在 ActionScript 3.0 FLA 文件中，不能调试帧脚本中的代码。只有外部 ActionScript 文件中的代码可以使用 ActionScript 3.0 调试器调试。

7.3.2 ActionScript语法基础

1. 数据类型

"数据类型"用来定义一组值。ActionScript 3.0 将数据类型分为简单数据类型和复杂数据类型。

简单数据类型是我们编程时最频繁使用的数据类型，有以下几种。

- Number：任何数值，包括有小数部分或没有小数部分的值。
- int：一个整数（不带小数部分的整数）。
- uint：一个"无符号"整数，即不能为负数的整数。
- String：一个文本值，例如，一个名称或书中某一章的文字。
- Boolean：一个 true 或 false 值，例如开关是否开启或两个值是否相等。

复杂数据类型是相对于简单数据类型而言的。经常用的复杂数据类型有：Array、Date、Error、Function、RegExp、XML 和 XMLList、MovieClip。

2. 变量

变量是一个名称，它代表计算机内存中的值。在编写语句来处理值时，编写变量名来代替值；只要计算机看到程序中的变量名，就会查看自己的内存并使用在内存中找到的值。

变量必须先声明再使用，不然编译器会报错。要声明变量，必须将 var 语句和变量名结合使用。

声明变量的格式如下：

var 变量名：数据类型；

var 变量名：数据类型 = 值；

1）正确的例子

var k:int; // 声明了一个 int 型变量，但没有赋值，只好使用默认值

var j:int=100;// 声明了一个 int 型变量，并赋为 100

var h;// 声明变量 h，但未指定类型，默认为 untyped

var a:int; a=20;

var a:int,b:int,c:int;

var a:int=5,b:int=8,c:int=10;

var numArray:Array=["one","two","three"];

2）错误的例子

i;// 没有加 var 关键字，即没有声明变量，出错

i=3;// 没有加 var 关键字，出错

var j:int=" String Value";// 声明变量的数据类型为 int，却赋予了一个字符串的值，出错

3. 语法

语法用于定义一组在编写可执行代码时必须遵循的规则。

1）区分大小写

ActionScript 3.0 是一种区分大小写的语言。只是大小写不同的标识符会被视为不同。

2）点语法

可以通过点运算符（.）来访问对象的属性和方法。使用点语法，可以使用后跟点运算符和属性名或方法名的实例名来引用类的属性或方法。

例如：

```
class DotExample
{
public var prop1:String;
public function method1():void {}
}
```

借助于点语法，可以使用在如下代码中创建的实例名来访问 prop1 属性和 method1() 方法：

```
var myDotEx:DotExample = new DotExample();
myDotEx.prop1 = "hello";
myDotEx.method1();
```

3）分号

可以使用分号字符（;）来终止语句。如果省略分号字符，则编译器将假设每一行代码代表一条语句。由于很多程序员都习惯使用分号来表示语句结束，因此，如果你坚持使用分号来终止语句，则代码会更易于阅读。

使用分号终止语句可以在一行中放置多个语句，但是这样会使代码变得难以阅读。

4）斜杠语法

ActionScript 3.0 不支持斜杠语法。在早期的 ActionScript 版本中，斜杠语法用于指示影片剪辑或变量的路径。

5）字面值

"字面值"是直接出现在代码中的值。下面的示例都是字面值：

17

"hello"

-3

9.4

null

undefined

true

false

6）小括号

在 ActionScript 3.0 中，可以通过三种方式来使用小括号（()）。

第一，可以使用小括号来更改表达式中的运算顺序。组合到小括号中的运算总是最先执行的，例如，"trace((2 + 3) * 4); //50"。

第二，可以结合使用小括号和逗号运算符（,）来计算一系列表达式并返回最后一个表达式的结果，例如："trace((a++, b++, a+b)); "。

第三，可以使用小括号来向函数或方法传递一个或多个参数，如下面的示例所示，此示例向 trace() 函数传递一个字符串值："trace("hello"); // hello"。

7）注释

ActionScript 3.0 代码支持两种类型的注释：单行注释和多行注释。单行注释以两个正斜杠字符（//）开头并持续到该行的末尾。多行注释以一个正斜杠和一个星号（/*）开头，以一个星号和一个正斜杠（*/）结尾。

8）关键字和保留字

"保留字"是一些单词，因为这些单词是保留给 ActionScript 使用的，所以，不能在代码中将它们用做标识符。比如 as、break、case、catch、class、const、continue、default、delete、do、extends 等。

9）常量

ActionScript 3.0 支持 const 语句，该语句可用来创建常量。常量是指具有无法改变的固定值的属性。只能为常量赋值一次，而且必须在最接近常量声明的位置赋值。如果试图改变常量的值，编译器会报错。使用 ActionScript 3.0 编程，提倡能用常量，就尽量用常量。

const foo:int=100;
foo=99;// 报错

4. 运算符与表达式条件语句

运算符是一种特殊的函数，运算对象就是它的参数，运算结果值就是它的返回值。而每个表达式都是单个运算符函数的组合，表达式可以看出一个组合成的特殊函数，表达式的值就是该函数的返回值。

运算符具有一个或多个操作数并返回相应的值。"操作数"是被运算符用做输入的值，通常是字面值、变量或表达式。例如，在下面的代码中，将加法运算符（+）和乘法运算符（*）与三个字面值操作数（2、3 和 4）结合起来使用并返回一个值。赋值运算符（=）随后使用该值将所返回的值 14 赋给变量 sumNumber。

var sumNumber:uint = 2 + 3 * 4; // uint = 14

运算符可以是一元、二元或三元的。"一元"运算符有 1 个操作数。例如，递增运算符（++）就是一元运算符，因为它只有一个操作数。"二元"运算符有 2 个操作数。例如，除法运算符（/）有 2 个操作数。"三元"运算符有 3 个操作数。例如，条件运算符（?:）具有 3 个操作数。

有些运算符是"重载的"，这意味着它们的行为因传递给它们的操作数的类型或数量而异。例如，加法运算符（+）就是一个重载运算符，其行为因操作数的数据类型而异。如果两个操作数都是数字，则加法运算符会返回这些值的和。如果两个操作数都是字符串，则加法运算符会返回这两个操作数连接后的结果。下面的示例代码说明运算符的行为如何因操作数而异：

trace(5 + 5);   // 10
trace("5"+"5"); // 55

运算符的行为还可能因所提供的操作数的数量而异。减法运算符（-）既是一元运算符又是二元运算符。对于减法运算符，如果只提供一个操作数，则该运算符会对操作数求反并返回结果；如果提供两个操作数，则减法运算符返回这两个操作数的差。下面的示例说明首先将减法运算符用做一元运算符，然后再将其用做二元运算符。

trace(-3); // -3
trace(7-2); // 5

运算符的优先级和结合律决定了运算符的处理顺序。表 7-1 按优先级递减的顺序列出了 ActionScript 3.0 中的运算符。该表内同一行中的运算符具有相同的优先级。在该表中，每行运算符都比位于其下方的运算符的优先级高。

表7-1 ActionScript 3.0中的运算符

运算符组	运算符
主要	[] {x:y} () f(x) new x.y x[y] <></> @ :: ..
后缀	x++ x--
一元	++x --x + - ~ ! delete typeof void
乘法	* / %
加法	+ -
按位移位	<< >> >>>
关系	< > <= >= as in instanceof is
等于	== != === !==
按位"与"	&
按位"异或"	^
按位"或"	|
逻辑"与"	&&
逻辑"或"	||
条件	?:
赋值	= *= /= %= += -= <<= >>= >>>= &= ^= |=
逗号	,

其中，部分运算符执行的运算如表 7-2~ 表 7-4 所示。

表7-2 主要运算符执行的运算

主要运算符	执行的运算
[]	初始化数组
{x:y}	初始化对象
()	对表达式进行分组
f(x)	调用函数
new	调用构造函数
x.y x[y]	访问属性
<></>	初始化 XMLList 对象 (E4X)
@	访问属性 (E4X)
::	限定名称 (E4X)
..	访问子级 XML 元素 (E4X)

表7-3 后缀运算符执行的运算

后缀运算符	执行的运算
++	递增（后缀）
--	递减（后缀）

表7-4 一元运算符执行的运算

一元运算符	执行的运算
++	递增（前缀）
--	递减（前缀）
+	一元 +
-	一元 -（非）
!	逻辑"非"
~	按位"非"
delete	删除属性
typeof	返回类型信息
void	返回 undefined 值

5. 条件语句

ActionScript 3.0 提供了三个可用来控制程序流的基本条件语句。

1）if…else

If…else 条件语句用于测试一个条件，如果该条件存在，则执行一个代码块，否则执行替代代码块。Adobe 建议你始终用大括号（{}）来括起代码块。例如，下面的代码测试 x 的值是否超过 20，如果是，则生成一个 trace() 函数，否则生成另一个 trace() 函数：

```
if (x > 20)
{
 trace("x is > 20");
}
else
{
 trace("x is <= 20");
}
```

如果你不想执行替代代码块，可以仅使用 if 语句，而不用 else 语句。

2）if…else if

可以使用 if…else if 条件语句来测试多个条件。例如，下面的代码不仅测试 x 的值是否超过 20，而且还测试 x 的值是否为负数：

```
if (x > 20)
{
 trace("x is > 20");
}
else if (x < 0)
{
 trace("x is negative");
}
```

3）switch

如果多个执行路径依赖于同一个条件表达式，则 switch 语句非常有用。它的功能大致相当于一系列 if…else if 语句，但是它更便于阅读。switch 语句不是对条件进行测试以获得布尔值，而是对表达式进行求值并使用计算结果来确定要执行的代码块。代码块以 case 语句开头，以 break 语句结尾。例如，下面的 switch 语句基于由 Date.getDay() 方法返回的日期值进行输出。

```
var someDate:Date = new Date();
var dayNum:uint = someDate.getDay();
switch(dayNum)
{
 case 7:
     trace("休息时间");
     break;
 default:
     trace("工作时间");
     break;
}
```

6. 循环语句

循环语句允许你使用一系列值或变量来反复执行一个特定的代码块。

1）for

for 循环用于循环访问某个变量以获得特定范围的值。必须在 for 语句中提供 3 个表达式：一个设置了初始值的变量，一个用于确定循环何时结束的条件语句，以及一个在每次循环中都更改变量值的表达式。例如，下面的代码循环 5 次。变量 i 的值从 0 开始到 4 结束，输出的结果是从 0 到 4 的 5 个数字，每个数字各占 1 行。

```
var i:int;
for (i = 0; i < 5; i++)
{
 trace(i);
}
```

2）while

while 循环与 if 语句相似，只要条件为 true，就会反复执行。例如，下面的代码与 for 循环示例生成的输出结果相同：

```
var i:int = 0;
while (i < 5)
{
 trace(i);
 i++;
}
```

使用 while 循环（而非 for 循环）的一个缺点是，编写的 while 循环中更容易出现无限循环。如果省略了用来递增计数器变量的表达式，则 for 循环示例代码将无法编译，而 while 循环示例代码仍然能够编译。若没有用来递增 i 的表达式，循环将成为无限循环。

3）do…while

do…while 循环是一种 while 循环，它保证至少执行一次代码块，这是因为在执行代码块后才会检查条件。下面的代码显示了 do…while 循环的一个简单示例，即使条件不满足，该示例也会生成输出结果：

```
var i:int = 5;
do
{
 trace(i);
 i++;
} while (i < 5);
// 输出：5
```

4）for…in

for…in 循环用于循环访问对象属性或数组元素。例如，可以使用 for…in 循环来循环访问通用对象的属性。它并不需要明确地更新语句，因为循环重复数是由对象属性的数目决定的。

```
var myObj:Object = {x:20, y:30};
for (var i:String in myObj)
{
 trace(i + ":" + myObj[i]);
}
// 输出：
// x: 20
// y: 30
```
for…in 循环还可以循环访问数组中的元素，例如：
```
var myArray:Array = ["one","two"];
for (var i:String in myArray)
{
 trace(myArray[i]);
}
// 输出：
// one
// two
```

5）for each…in

for each…in 循环用于循环访问集合中的项目，它可以是 XML 或 XMLList 对象中的标签、对象属性保存的值或数组元素。例如，如下面所摘录的代码所示，你可以使用 for each…in 循环来循环访问通用对象的属性，但是与 for…in 循环不同的是，for each…in 循环中的迭代变量包含属性所保存的值，而不包含属性的名称：

```
var myObj:Object = {x:20, y:30};
for each (var num in myObj)
{
 trace(num);
}
// 输出：
// 20
// 30
```

7. 函数

"函数"是执行特定任务并可以在程序中重用的代码块。首先用户需要定义函数，可将要实现功能的代码放置在该函数体中，调用该函数即可实现预设的功能。

1）两种定义函数方法

● 函数语句。函数语句是在严格模式下定义函数的首选方法，函数语句以 function 关键字开头，格式为：

```
function 函数名 (参数1:参数类型, 参数1:参数类型…….):返回值类型
{
 // 函数内部语句
}
```

比如：

```
function len(r:Number): Number
{
return(2*r*3.14);
}
```

- 函数表达式。声明函数的第二种方法就是结合使用赋值语句和函数表达式，函数表达式有时也称为函数字面值或匿名函数。带有函数表达式的赋值语句以 var 关键字开头，格式为：

```
var 函数名:Function = function ( 参数1:参数类型,参数1:参数类型…….):返回值类型 {
// 函数内部语句
}
比如：
var 函数名: len = function(r:Number): Number {
return(2*r*3.14);
}
```

2）调用函数

最常用的形式为：函数名（参数）

比如：len(5.4);

如果要调用没有参数的函数，则必须使用一对空的小括号。

7.3.3 面向对象编程基础

1. 对象和类

ActionScript 3.0 是一种面向对象的编程语言。在 ActionScript 3.0 中，每个对象都是由类定义的。可将类视为某一类对象的模板或蓝图。类定义中可以包括变量、常量和方法，前者用于保存数据值，后者是封装绑定到类的行为的函数。存储在属性中的值可以是"基元值"，也可以是其他对象。基元值是指数字、字符串或布尔值。

ActionScript 3.0 正确的类定义语法中要求 class 关键字后跟类名，类体要放在大括号 ({}) 内，且放在类名后面。

- 圆的类代码。新建一个 Circle.as 文件，代码如下：

```
package {
    public class Circle{
        public var area:Number;
        private var r:Number;
        public function Circle(rNum:Number){
            r=rNum;
        }
        public function getArea():Number{
            area = 2*3.14*r;
            return area;
        }
    }
}
```

其中，
Circle：类名。
Area，r：属性。
Circle，getArea：方法。
- 文档类代码。新建 CircleSample.as 文件，代码如下：

```
package {
    import Flash.display.MovieClip;
    import Circle;        //导入包
    public class CircleSample extends MovieClip
    {
        public function CircleSample(){
            var test:Circle = new Circle(5);    //生成一个实例
            trace(test.getArea());        //area 被赋值
            trace(test.area);    // 得出面积
        }
    }
}
```

2. 处理对象

在面向对象的编程中，程序指令被划分到不同的对象——代码构成功能块中，因此相关类型的功能或相关的信息被组合到一个容器中。

事实上，如果已经在 Flash 中处理过元件，那么应已习惯于处理对象了。假设已定义了一个影片剪辑元件（假设它是一幅矩形的图画），并且已将它的一个副本放在了舞台上。从严格意义上来说，该影片剪辑元件也是 ActionScript 中的一个对象，即 MovieClip 类的一个实例。

在 ActionScript 面向对象的编程中，任何类都可以包含三种类型的特性，即属性、方法、事件。这些元素共同用于管理程序使用的数据块，并用于确定执行哪些动作和动作的执行顺序。

1）属性

属性表示某个对象中绑定在一起的若干数据块中的一个。MovieClip 类具有 rotation、x、width 和 Alpha 等属性，可以像处理单个变量那样处理属性。事实上，可以将属性视为包含在对象中的"子"变量。

以下代码行将名为 square 的 MovieClip 移动到 100 个像素的 x 坐标处：

square.x = 100;

2）方法

"方法"是指可以由对象执行的操作。例如，如果在 Flash 中使用时间轴上的几个关键帧和动画制作了一个影片剪辑元件，则可以播放或停止该影片剪辑，或者指示它将播放头移到特定的帧。

下面的代码指示名为 shortFilm 的 MovieClip 开始播放和停止播放：

shortFilm.play();

shortFilm.stop();

可以看出，通过依次写下对象名（变量）、句点、方法名和小括号来访问方法，这与属性类似。小括号用于指示要"调用"某个方法（即指示对象执行该动作）的方式。有时，为了传递执行动作所需的额外信息，将值（或变量）放入小括号中。这些值称为方法"参数"。例如，gotoAndStop()方法需要知道应转到哪一帧，所以要求小括号中有一个参数。有些方法（如play()和stop()）其自身的意义已非常明确，因此不需要额外信息，但书写时仍然带有小括号。

3）事件

"事件"就是所发生的、ActionScript能够识别并可响应的事情。许多事件与用户交互有关——例如，用户点击按钮，或按键盘上的键——但也有其他类型的事件。例如，如果使用ActionScript加载外部图像，有一个事件可让你知道图像何时加载完毕。本质上，当ActionScript程序正在运行时，Adobe Flash Player只是坐等某些事情的发生，当这些事情发生时，Flash Player将运行你为这些事件指定的特定ActionScript代码。

- 基本事件处理。无论何时编写处理事件的ActionScript代码，都会包括以下三个重要元素。

事件源：发生该事件的是哪个对象？

事件：将要发生什么事情，以及你希望响应什么事情？

响应：当事件发生时，你希望执行哪些步骤？

处理事件的ActionScript代码将遵循以下基本结构（以粗体显示的元素是你将针对具体情况填写的占位符）：

```
function eventResponse(eventObject:EventType):void
{
    // 此处是为响应事件而执行的动作
}
eventSource.addEventListener(EventType.EVENT_NAME, eventResponse);
```

此代码执行两个操作。首先，定义一个函数，这是指定为响应事件而要执行的动作的方法。然后，调用源对象的addEventListener()方法，实际上就是为指定事件"订阅"该函数，以便当该事件发生时，执行该函数的动作。

在创建事件处理函数时，必须选择函数名称（本例中为eventResponse），还必须指定一个参数（本例中的名称为eventObject）。指定函数参数类似于声明变量，所以还必须指明参数的数据类型。将为每个事件定义一个ActionScript类，并且为函数参数指定的数据类型始终是与要响应的特定事件关联的类。最后，在左大括号与右大括号之间（{...}），编写你希望计算机在事件发生时执行的指令。

- 事件侦听器。事件侦听器也称为事件处理函数，是Flash Player为响应特定事件而执行的函数。添加事件侦听器的过程分为两步。首先，为Flash Player创建一个为响应事件而执行的函数或类方法。这有时称为侦听器函数或事件处理函数。然后，使用addEventListener()方法，在事件的目标或位于适当事件流上的任何显示列表对象中注册侦听器函数。

一旦编写了事件处理函数，就需要通知事件源对象（发生事件的对象，如按钮），你希望在该事件发生时调用函数。可通过调用该对象的addEventListener()方法来实现此目的（所有具有事件的对象都同时具有 addEventListener() 方法)。addEventListener() 方法有两个参数:

第一个参数是你希望响应的特定事件的名称。同样,每个事件都与一个特定类关联,而该类将为每个事件预定义一个特殊值,类似于事件自己的唯一名称(应将其用于第一个参数)。

第二个参数是事件响应函数的名称。请注意,如果将函数名作为参数进行传递,则在写入函数名称时不使用括号。

● 事件处理示例。点击按钮开始播放当前的影片剪辑。在下面的示例中,playButton 是按钮的实例名称,而 this 是表示"当前对象"的特殊名称:

```
this.stop();
function playMovie(event:MouseEvent):void
{
 this.play();
}
playButton.addEventListener(MouseEvent.CLICK, playMovie);
```

7.4 拓展练习

打字游戏

游戏开始后,将会从舞台的上面随机地向下飘落带有大小写字母的苹果,当玩家按下与苹果上字母相同的按键时(字母区分大小写),即可获得 10 分。当总分大于等于 500 分时,游戏即会结束,并弹出提示胜利的对话框。效果如图 7-62 所示。

图 7-62　打字游戏

参考文献

[1] 新知互动.Flash CS3 从入门到精通 [M]. 北京：中国铁道出版社，2009.

[2] 李智勇. 二维数字动画 [M]. 北京：高等教育出版社，2012.

[3] 吴乃群，史耀君.Flash 动画设计案例教程 [M]. 北京：清华大学出版社，2010.

[4] 吴韬，魏砚雨.Flash 二维动画项目制作教程 [M]. 上海：上海交通大学出版社，2012.

[5] 陈淑娇，王巍，刘正宏. 二维无纸动画制作 [M]. 北京：高等教育出版社，2010.

[6] 黑马程序员.Flash CC 动画制作任务教程 [M]. 北京：中国铁道出版社，2017.

《Flash动画创意设计项目实战》读者意见反馈表

尊敬的读者：

感谢您购买本书。为了能为您提供更优秀的教材，请您抽出宝贵的时间，将您的意见以下表的方式（可从 http://edu.phei.com.cn 下载本调查表）及时告知我们，以改进我们的服务。对采用您的意见进行修订的教材，我们将在该书的前言中进行说明并赠送您样书。

姓名：_____ 电话：_____
职业：_____ E-mail：_____
邮编：_____ 通信地址：_____

1. 您对本书的总体看法是：
   □很满意　　□比较满意　　□尚可　　□不太满意　　□不满意
2. 您对本书的结构（章节）：□满意　□不满意　改进意见_____
   _____

3. 您对本书的例题：　□满意　　□不满意　　改进意见_____
   _____

4. 您对本书的习题：　□满意　　□不满意　　改进意见_____
   _____

5. 您对本书的实训：　□满意　　□不满意　　改进意见_____
   _____

6. 您对本书其他的改进意见：
   _____
   _____
   _____

7. 您感兴趣或希望增加的教材选题是：
   _____
   _____
   _____

请寄：100036　北京万寿路 173 信箱　贺志洪
电话：010-88254609　　　E-mail:hzh@phei.com.cn

反侵权盗版声明

电子工业出版社依法对本作品享有专有出版权。任何未经权利人书面许可，复制、销售或通过信息网络传播本作品的行为；歪曲、篡改、剽窃本作品的行为，均违反《中华人民共和国著作权法》，其行为人应承担相应的民事责任和行政责任，构成犯罪的，将被依法追究刑事责任。

为了维护市场秩序，保护权利人的合法权益，我社将依法查处和打击侵权盗版的单位和个人。欢迎社会各界人士积极举报侵权盗版行为，本社将奖励举报有功人员，并保证举报人的信息不被泄露。

举报电话：（010）88254396；（010）88258888
传　　真：（010）88254397
E-mail：dbqq@phei.com.cn
通信地址：北京市海淀区万寿路 173 信箱
　　　　　电子工业出版社总编办公室
邮　　编：100036